0歳からシニアまで
ビーグルとのしあわせな暮らし方

Wan編集部 編

はじめに

明るく元気いっぱいで茶目っ気たっぷり、食べることが大好きで朗々とした声で吠える。そんなビーグルは、日本はもちろん世界各地で愛される人気犬種です。がっちりとした体格で、サイズも含めてまさに〝犬らしい犬〟と言えるでしょう。

この本の特徴は、「0歳からシニアまで」ビーグルの一生をカバーしたものであるということ。飼育書でよくある「これからビーグルを飼いたい」と思っている人向け、子犬向けの情報だけにとどまらない内容となっています。もちろん、子犬の迎え方や育て方もたっぷりご紹介しているので、ビーグルの初心者さんにもばっちりお役立ち。それにプラスして、成犬になってから役立つビーグルのためのしつけやトレーニング、保護犬の迎え方、お手入れ、マッサージ、病気のあれこれに、避けては通れないシニア期のケアをご紹介しています。

ビーグルを長く飼っているベテランさんにも、飼い始めて間もない人にも、そしてこれから飼おうかと考えている人にも、ビーグルを愛するすべての人に読んでほしい……。そんな願いを込めて、愛犬雑誌『Ｗａｎ』編集部が制作した一冊です。

飼い主さんとビーグルたちが、〝しあわせな暮らし〟を送るお手伝いができれば、これに勝る喜びはありません。

２０１９年７月

『Ｗａｎ』編集部

もくじ

PART 2 ビーグルの迎え方

PART 3 ビーグルのしつけとトレーニング

PART 4

ビーグルのかかりやすい病気＆栄養・食事

PART 5

お手入れとマッサージ

PART 6

シニア期のケア

113

※本書は、『Wan』で撮影した写真を主に使用し、掲載記事に加筆・修正して内容を再構成しております。

Part1
ビーグルの基礎知識

ビーグルは、日本でも根強い人気を誇る犬種ですが、
まだ知られていないことがたくさんあります。
まずはビーグルという“犬種”について知りましょう!

ビーグルの歴史

イギリス原産で、もともとは嗅覚を生かして狩りを行う犬だったビーグル。現在はペットとして人気を集めています。

最も小さな嗅覚ハウンド

ビーグルは、嗅覚をたどって猟を行う犬（嗅覚ハウンド／セントハウンド）の一種です。複数頭の犬たちがひとつのパック（集団）を作って獲物を追う形式の猟（主に野ウサギ狩り）に使われ、猟師は歩いてビーグルの後を追っていました。

「ビーグル」の語源は、古代ケルト語やフランス語、そして古い英語で「小さい」ということを意味する「ビーグ（berg）」、「べー（beigh）」、「ベイグル（begle）」などではないかという説があります。ビーグルは、バセット・ハウンドやブラッドハウンドといったセントハウンドのなかでは最も小さい犬なのです。

*

ビーグルにまつわる最初の記録は、イギリスの代表的詩人であるチョーサーが著した14世紀の作品までさかのぼることができます。この時代から他犬種との交雑など行われず、自然な発達を続けたようです。

ハウンドは、すべてのスポーティング・ドッグ（猟犬）の原型と言われています。16世紀、エリザベス女王（Ⅰ世）治世下のイギリスでは、紳士は何らかのハウンドを飼って好みの動物の狩りを行っていました。

この時代のハウンドは大型と小型に分類されていて、大型犬は「バック・ハウンド（鹿犬）」と呼ばれて主に鹿の猟に使われ、小型犬は「ビーグル」と呼ばれて主に野ウサギを狩っていました。

アメリカやカナダでも盛んに狩りが行われていましたが、対象となる猟獣の数が減ってくると、野

さまざまな嗅覚ハウンド①

体高：48〜50cm

イングリッシュ・フォックスハウンドの小型版として作出されたものと思われます。もともと徒歩で獲物を追うハンターとともにノウサギ狩りを行っていましたが、後に馬上のハンターとキツネ狩りをするようになりました。

イングリッシュ・フォックスハウンド

体高：58〜64cm

17世紀の終わり、イギリスで盛んになったキツネ狩りに使われた猟犬。長時間にわたってニオイを追い続けられる嗅覚とスタミナ、キツネに追いつくことのできるスピードを兼ね備えています。

ウサギ猟の需要が増すことに。それとともにビーグルの出番も増えました。また南米諸国では、大型のビーグルやさらに大型のハウンドであるハリアを一緒に使って、ヤマネコ猟が行われたこともあったそうです。

猟犬から世界で愛されるコンパニオン・ドッグへ

イギリスのケネルクラブ（KC）は1873年にビーグルを犬種として公認し、ドッグショーにも〝パック育ち〟のビーグルが登場しました。

イギリスで狩猟が下火になり始めた1950年代以降、次第にショードッグやペットとしてビーグルの人気が高まります。この傾向はアメリカでも同様で、実際の猟よりもフィールド・トライアル（猟野競技会）などで活躍するようになりました。

ビーグルが持っている勇気とスタミナは、狩猟の際にはとくに重要視されてきました。加えて、褐色の柔和な目と温和な性格、美しいハウンド・カラーの毛色は、ペットとしても非常に魅力的。信頼の置ける家族の一員となってくれることでしょう。

さまざまな嗅覚ハウンド②

体高：33～38cm

バセット・ハウンド

アメリカの靴メーカー「ハッシュパピー」のマスコットとしても知られる、フランス原産の嗅覚ハウンド。「バセット（フランス語：バセー）」とは「足が短い／体高が低い」という意味で、ビーグルなどと異なる短足犬です。ウサギ狩りによく使われ、短い足や密生した被毛のおかげで茂みの中でも自由に動くことができます。ちなみに、鼻の良さがブラッドハウンドに次ぐといわれるほどで、がっちりした体型で吠え声に独特の響きがあるのも特徴。頭部や体にはつまんで引っ張ることができるほどの“たるみ”があります。性格は穏やかで忍耐強く、飼い主には忠実で献身的。アメリカやヨーロッパでは非常に人気のある犬種です。

ブラッドハウンド

現存するセントハウンドのなかでも最も古いタイプとされます。「獲物の血のニオイをどこまででもたどることができるだけでなく、人間が川や茂みを渡って行っても追いかけられる」ほどの鋭い嗅覚を持つことから、この名が付いたという説があります（諸説あり）。ヨーロッパからアメリカに渡った後は、逃げた奴隷を探して連れ戻す役割を担っていたそうです。その正確さは犯罪捜査にも使われ、数多くの犯人を探し出して追い詰めたことでも知られます。なかには600以上の事件を解決に導いたり、80km以上も犯人を追いかけた犬もいたそうで、その能力は折り紙付きと言えるでしょう。

体高：♂68cm／♀62cm（各±4cm）
体重：♂約46～56kg／♀約40～48kg

ビーグルの理想の姿

「こうあるべき」という理想の姿は、どの犬種にも存在します。

小さなハウンド 体つきは 頑丈・がっしり

嗅覚ハウンドのなかで最も小さく、頑丈でコンパクトな体型が特徴です。優れた活動能力、スタミナ、決断力を持ち、大胆なところもあります。用心深く、素直で穏やかな性格なので、攻撃的・臆病ではありません。

●頭部

かなり長く力強い感じを受けますが、粗野ではありません。しわはなく、メスはオスより頭部がやや細くなっています。

●頸部

頭を下げてニオイを嗅ぎやすいよう、十分な長さがあります。わずかにアーチしていますが、デューラップ（たるみ）は見られません。

●尾

適度に長く、しっかりしています。高い位置に付き、陽気に保持しますが、背の上で巻いたり前方へ傾斜することはありません。裏側は十分な毛で覆われています。

●歩様（歩き方）

背をしっかりと水平に保って、横揺れしません。自由なストライドは、後肢の推進力によってムダな動きなく前方にまっすぐ伸びます。

理想体高
最低：33cm
最大：40cm

頭

わずかにドーム型で、程よく幅広い形です。

しっぽ

高い位置に付き、サーベルのように上向きに保持します。

鼻

鼻と鼻の穴は幅広いのが特徴です。色はブラックが好ましいですが、毛色の明るい犬では色素がやや薄くなります。

目

色はダーク・ブラウンかヘーゼル。かなり大きく、穏やかな表情を醸し出しています。

耳

長く、先端は丸みがあります。低い位置に付き、頬に接して優美に垂れています。

被毛

短毛で密生して生えているため、風雨に耐えられます。

ボディ

バランスが取れていて、背はまっすぐ。胸は肘の下まで下りています。

毛色

ホワイト&ブラック&タン（褐色）の斑のハウンド・カラーや、レモン&ホワイトの斑が代表的。レバー色は認められません。

ビーグルの毛色・主要3種

トライカラー（ハウンド・カラー）

褐色（タン）・白・黒の、最もポピュラーでいわゆる"ビーグルらしい"毛色。白と黒の毛の入り方は犬によってさまざまですが、四肢としっぽの先は白が基本。鼻〜頭部に白いブレーズ（両目のあいだを通るライン）が入っているほうが良いと言われることもありますが、最近はあまり気にされないようです（ショードッグはのぞく）。

レッド＆ホワイト

濃い褐色と白の２色の組み合わせ。黒がないぶん、やわらかい印象になります。頭数全体に占める割合は少ないものの、最近は徐々に人気が上がってきています。ブレーズやしっぽについてはトライカラーと同じ。

レモン＆ホワイト

基本的にはレッド＆ホワイトのレッドが淡いレモン色のタイプ。「やさしい雰囲気がいい！」というファンも多く、根強い人気を誇ります。色素が薄いからか、ブレーズや四肢、しっぽの白い部分が多いようです。

ビーグルのトリビア

ビーグルの「嗅覚ハウンド」というプロフィールを掘り下げてみると、意外と知られていない事実があります。

トリビア1 “ビーグルの音調”は二長調！

ビーグルとともに野ウサギ狩りをするときに、ハンターはホルンを吹くことがあり、これは17世紀末から始まった習慣なのだとか。ホルンの長さは8～12インチ程度（約20～30㎝）で銅製、オーケストラのホルンとは違って管はまっすぐです。ハンターが使うこのホルンの音調はほぼ二長調ですが、なかにはイ長調のものも。

ホルンを吹く目的は、ビーグルと一緒に先を歩く人間（猟犬係）に「進め」あるいは「戻れ」の指示をするため。調子や音を出す間隔の長さによっていろいろな合図がありますが、ビーグルはこれらをすぐ理解するようです。

トリビア2 生後8か月で狩猟デビュー

原産国イギリスでは、狩猟に使うビーグルの子犬は通常秋ごろに生まれることが多いそう。生後4～5か月になると季節はちょうど春。このころになると近くの農家に預けて、広い場所でしっかり運動をさせて体力と筋力をアップさせます。そして夏～秋を迎えると生まれた犬舎に戻って、猟の訓練をスタート。狩猟デビューは生後8か月くらいで、1歳前には一人前の戦力となるようです。

トリビア 3 嗅覚ハウンドのなかで最小サイズ

垂れ耳、サーベル状の尾、ハウンド・カラー。この3つの特徴を有する嗅覚ハウンドは、イギリスだけでなくヨーロッパ全土に多数見られ、サイズも大小さまざまです。大きなサイズの嗅覚ハウンドと猟を行う場合、獲物は鹿などの大物で、ハンターは馬に乗って犬の後を追います。小型の嗅覚ハウンドの場合は野ウサギなどの小さい獲物を追い、ハンターが後を追うのも徒歩。

なかでもビーグルは最も小さい嗅覚ハウンドです。18世紀のハンターは、猟衣のポケットに収まるサイズのビーグルを連れて狩りに出かけたともいわれ、小さめサイズのビーグルを指す言葉（ポケット・ビーグル）にその名残があるようです。

トリビア 4 ニオイを追うのはビーグルの性《さが》

嗅覚ハウンドは、鹿やイノシシ、ウサギなどの獲物のニオイを追いかけ、さらに追いつめてハンターに仕留めさせることを仕事としています。つまり、気になるニオイは追わずにいられない習性を持つ犬たち、ということになります。散歩中のビーグルが、姿の見えない猫のニオイを追って散歩のコースからを外れてしまう……。これは彼らの“任務”を考えれば当たり前のことなのです。

トリビア 5 小さくても「愛玩犬種」ではない

明るくムラのない性格、手ごろなサイズ、手入れのしやすい被毛、環境への適応能力の高さ……。ビーグルはまさに飼いやすい犬種と言えるでしょうが、マルチーズやプードルといった生粋の愛玩犬種とは異なり、“猟欲”が現れることに注意が必要です。とくに子犬を長時間かまってあげないと、すぐに退屈してしまいます。そして（悪意ではなく）純然たる欲求不満から、家具などにイタズラをしたり、場合によっては破壊活動に及ぶことも！　飼い主さんと散歩したり遊んだり、またほかの犬と接することで欲求を満たしてやれば、いつも元気でハッピーな犬種です。

Beagle's Puppy

生後2か月、やんちゃ盛りの3頭のきょうだい。
小さくても、しっかり「ビーグル」しています。

Part2
ビーグルの迎え方

いよいよ「ビーグルを迎えたい！」と思ったら……。
迎える先や準備、慣らし方などを
チェックしましょう

ビーグルを迎える前に

まずは「子犬から迎える」ケースをモデルに、ポイントを見ていきましょう。

迎える前の心がまえ

最初に、ビーグルとどんな生活がしたいかをよく考えておきます。

ブリーダーでもペットショップでも、子犬・成犬を問わずたくさんのビーグルを見てみましょう。いろいろな犬を比べることで違いがわかるようになり、自分がどんなタイプの犬を迎えたいのか、犬と一緒にどんな生活をしたいのかがはっきりイメージできるようになります。

迎える子犬を決めるときに大事なのは、親犬を参考に成長後のイメージをつかむこと。ブリーダーから譲り受けるなら犬舎を訪れて親犬や子犬の育った環境を見ることができるので、よりイメージしやすいはずです。ブリーダーにライフスタイルや犬の飼育経験を伝えた上で、成長後のことも予想しながら相性の良さそうな子犬を選びましょう。

ただ、成長後の姿や相性はあくまで推測であり、絶対的なものではないということを覚えておきましょう。小柄でおとなしい子犬が、がっしりした体格で活動的な性格の成犬になることも珍しくありません。「多少の変化があって当然」というおおらかな気持ちで受け入れてあげてください。

犬との生活で大事なのは、あまり無理をしないこと。とくに子犬のころは何でも犬中心にものを考えてしまいがちですが、犬を優先しすぎて人間の負担になるようではどちらにも良くありません。明るい性格のビーグルでも、飼い主さんに余裕がないと、その影響を受けてストレスを感じてしまうものです。

実際に
会ったときの
第一印象も
大切にしてね！

迎える前に考えておきたいこと

ビーグルとの生活をスムーズにするために、次のポイントについて考えておきましょう。

心がまえ

犬を迎える目的は、一緒に楽しく暮らすこと。毎日の世話を負担に感じるようになっては意味がありません。最低限の安全や健康に注意した上で、人間の生活に犬を合わせていきましょう。とくにビーグルのように心身ともに比較的タフな犬種は、多少の変化には動じないもの。あまり慎重になりすぎず、お互いに遠慮のない付き合い方を目指しましょう。

環境

「ビーグルのように活発な犬種を飼うなら、思い切り走り回れるような広い家や庭がないとだめなのでは？」と思ってしまいがちですが、そんなことはありません。確かに１日に必要な運動量は少なくありませんが、お散歩をしっかりしていれば十分。クレートでおとなしく過ごすことを教えれば（P24）、留守番も上手にできるようになります。

わからないことや不安なことは、ブリーダーやペットショップの店員に相談してみて

しつけ

子犬のころに初歩的なしつけを教えることは、とても重要です。トイレやクレートのトレーニングはもちろん、噛み癖にも気を付けて。歯が生え替わる生後３～４か月の子犬は、飼い主さんの手などを甘噛みすることがあります。放っておくと噛み癖がついてしまいますので、強く噛んだときには手で頭を軽く押さえるなどして「これはダメ」と気付かせましょう。やめたらほめてあげることも忘れずに。

子犬が家に来るまで

思い立ってから
子犬を迎えるまでの
モデルケースを紹介します。

※ブリーダーから譲り受けるパターンでご紹介しています。ほかの購入ルートでは、一部異なる点があります。

START

情報を収集する

まずは、どんな犬と暮らしたいのか、一緒にどういう生活をしたいのかを整理しましょう。その上でインターネットや雑誌を参考に飼い方や購入ルート（ブリーダー、ペットショップ、保護団体など）についての情報を集め、気になるところにコンタクトを取ってみてください。

犬を見に行く

ブリーダーから購入するメリットは、犬舎を訪問して、子犬だけでなくその親犬も見ることができること。親犬のサイズや見た目、性格などを参考に、一緒に暮らすイメージを膨らませましょう。

ブリーダーと相談する

迎える子犬を決めるまでに、条件（性別、毛色など）や飼育環境についてブリーダーとよく話し合いましょう。「相談する＝そこで購入しなければいけない」わけではないので、必要と感じたら複数のブリーダーを見て回ってもOK！

迎える準備をする

子犬を決めてから家に来るまで間が空くことがあります。そのあいだに、子犬との生活に向けた準備を整えましょう。フードやケージなど最低限必要なもののほか、あったほうがいいものをブリーダーと相談してそろえます（P23）。

GOAL

子犬が家に来る

子犬が来てすぐのころは、あまり刺激せずにしばらくそっとしておきましょう。体調に変化がないかどうかだけ、注意深く見守ってあげてください。

迎えるまでにしておくこと

一緒の生活をスタートするための準備を始めます。

ブリーダーでは子犬を受け渡す時期（子犬の月齢）が決まっていて、家に迎えるまで数週間～数か月間空くケースがあります。そのあいだに、子犬と一緒に生活する準備をしておきましょう。ペットショップならすぐに連れて帰ることもできますが、準備に時間がかかる場合は契約だけ先にして、生活環境を整えてから迎えに行くと慌てずに済みます。

子犬が家に来るまでに、フードやサークルなど生活に必要なものをそろえておかなければいけませんが、何が必要かはそのケースによって異なるもの。ブリーダーやペットショップの店員に相談し、「最低限何があれば大丈夫か」を教えてもらいましょう。迎えた後の健康管理やワクチンの予定なども、このときに確認しておくと安心です。

フードは（とくに最初は）食べ慣れたものが安心なので、犬舎やペットショップで与えていたものをそのまま使うのもひとつの手段。食器やオモチャなどその子犬が慣れ親しんでいるものがあればそれも一緒に持ってくると、環境の変化による緊張をやわらげられます。最低限そろえておきたいものは、左上の表の通りです。

- □ サークル
- □ キャリー（ケージ）
- □ トイレシート
- □ 毛布、タオル（サークルの中などに敷く）
- □ リードなどの散歩グッズ
- □ フード
- □ フードや水を入れるボウル
- □ オモチャ

子犬のしつけ

お互い快適に暮らすには、
子犬のころのしつけが重要。
心得と初歩のしつけを
紹介します。

1 「服従」と「ガマン」を覚えさせる

飼い主さんが両足を投げ出して座り、犬を太ももで挟むようにして寝かせる『服従のポーズ』。子犬のうちからこの態勢に慣らすと、必要なときにおとなしくできるようになります。

力を入れて押さえつけるのではなく、犬が落ち着いた状態で動きだけ封じるイメージで。

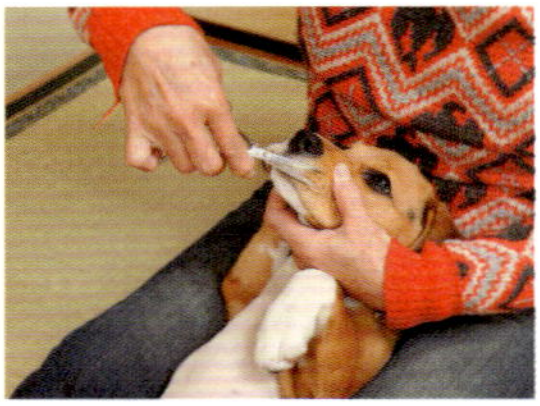

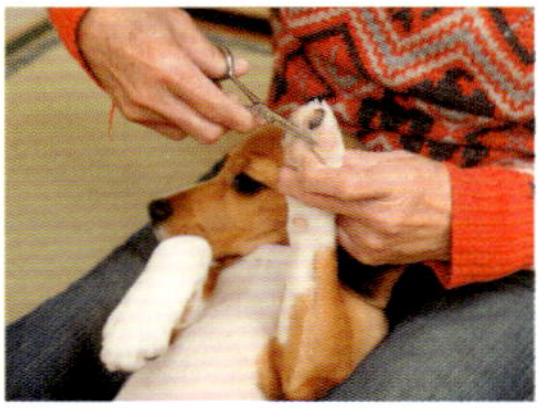

慣れたら、この態勢でひげや足裏の毛のカットなどをしてみましょう。その後のお手入れが楽になるはずです。

2 クレートを居心地の良い場所に

来客中や留守番では、クレートを活用すると便利。最初はおやつなどで誘導してクレートに入らせて、徐々に中で長い時間を過ごせるようにしていきましょう。犬が出たがって鳴いても反応せず、「この中にいるときは静かにしているもの」だと理解させてください。

また、静かに過ごさせるには「この中は安全」と覚えさせることが重要。犬の安心感を育てることを優先しましょう。

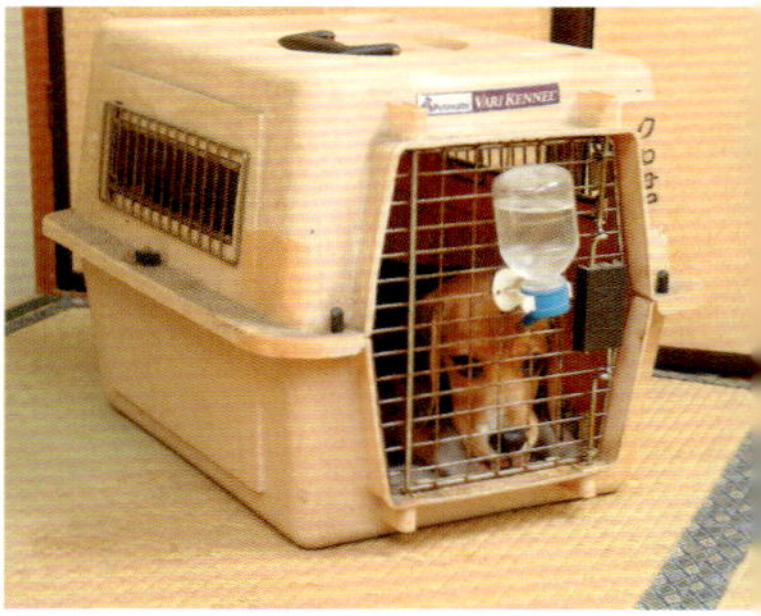

犬が怒られるようなことをしてクレートに逃げ込んだときに、引っ張り出してしかるのはNG。

3

トイレのしつけはほめて教える

子犬のころは、寝て起きたときにオシッコが出やすいもの。そのタイミングでトイレシートの上に連れて行き、「オシッコよ、シーシー」などと声をかけてオシッコをさせます。できたらほめてあげましょう。

トイレシートのないところでオシッコをしてしまっても、けっしてしからないでください。子犬は「その場所でしてはいけない」とはわからずに、オシッコをするとしかられるのだと思い、次からは隠れてするようになってしまいます。

部屋のあちこちにトイレシートを置き、どこかの上でできたらOKにします。

トイレシートの上でオシッコできたら、しっかりほめてあげましょう。

4

ほかの犬や人に慣れさせる

子犬は、2回目のワクチン接種をしてから10日ほどでお出かけやお散歩が可能になります。無理のない範囲でほかの犬や人とふれ合う機会を作り、社会化させてあげましょう。

もともと群れで猟をしてきたビーグルは、ほかの犬と行動するのが得意。最初は緊張しても、慣れれば積極的に交流する可能性が高いはずです。

まずは、性格が落ち着いた犬との交流を。

5
食事は臨機応変に

生後2～3か月のあいだは、1回の食事で食べさせるフードの分量を厳密に決めなくてもかまいません。体を作るのに必要な量は、その犬によって異なります。子犬が食べ足りなそうにしていたら、臨機応変に追加してあげましょう。

ただし、最初に食事を出してから20～30分経ったらボウルを片付けて、出しっぱなしにはしないように。

犬が食べてはいけない主な食べものは、次の通りです。

- **●タマネギ**
- **●チョコレート**
- **●ナツメグ**
- **●ナッツ類**
- **●その他（ニラ、ニンニクなど）**

その子犬の食べる平均的な量がわかれば、体調管理に役立ちます。

6
マイペースな生活を心がけて

子犬のためとは言え、飼い主さんが「あれもこれもやらなければ」と思ってピリピリしていると、その気持ちは必ず犬に伝わります。犬を迎えるのは、一緒に楽しく暮らすことが目的のはず。多少思い通りにならなくても、気にしすぎないのがいちばんです。

お互いにリラックスできる関係を目指しましょう。

子犬の健康管理

抵抗力が弱い子犬を病気から守り、
健康を保つのに必要なことをチェックします。

子犬の健康トラブル

すぐ対応できるよう、
危険要素を
知っておくことが大切です。

生後6か月ごろまでの子犬はぐんぐん成長し、体の大きさは成犬とほぼ変わらないくらいになります。ただ、細菌やウイルス、寄生虫などに対抗する力（免疫や抵抗力）はまだまだ不十分で、危険な感染症にかかる可能性が高いことを頭に入れておきましょう。また、適切な健康管理をしていくためにも、愛犬の体質や犬種ならではの傾向を早めに確認しておくことが重要。子犬を迎えてまずすべきことは、左の3つです。

なかには生まれつき
特定の病気に
かかりやすい犬も。
早めにわかれば
対策が取れます

1 信頼できる動物病院を探す

何でも相談できるかかりつけの動物病院を確保できれば、成長後も安心。できれば自宅の近くにある病院が望ましいですが、多少遠くても、相性が良いかどうかを重視します。口コミなどをもとに、信頼して任せられる獣医師と動物病院を選びましょう。ただ、かかりつけはその後変更することもできるので、病院選びにあまり時間をかけすぎないように。

2 動物病院で健康診断を受ける

①で選んだ動物病院で、なるべく早く（1か月以内）に健康診断を受けてください。犬によっては生まれつき何らかの病気にかかりやすいこともあるので、しっかりチェックしましょう。このときに、自宅での子犬の様子やブリーダーから聞いた親犬の情報などを獣医師に伝えると判断しやすくなります。

3 健康管理の方針を立てる

健康診断の結果をもとに、今後の健康管理について獣医師と話し合います。生まれつきの体質やかかりやすい病気など注意したいリスクを確認し、その上で食事や運動、お手入れなどふだんの生活での注意点についてアドバイスをもらいましょう。ビーグルは体が丈夫な犬が多く、病気も比較的少ない傾向がありますが、油断は禁物です。

動物病院へ行く

最初の受診は緊張するはず。うまく誘導してあげてください。

移動はクレートで

ワクチン接種前の子犬は外を歩けないため、クレートに入れて移動することになります。P24を参考にクレートの中にいることに慣れさせておけば、動物病院へ行くときもスムーズです。

クレートに慣れていない子犬を、動物病院へ連れて行くときだけ無理に入れようとするのはやめましょう。不慣れな状況が重なると余計に緊張してしまい、ストレスにつながります。「動物病院へ行く」ことに嫌な印象を抱かせないよう、事前にしっかり慣らしておきましょう。

移動には車がおすすめ。トランクなどにクレートを入れてしっかりと固定します。最初は短い距離から始めて徐々に長時間乗っていられるようにすれば、車でのお出かけも平気になります。

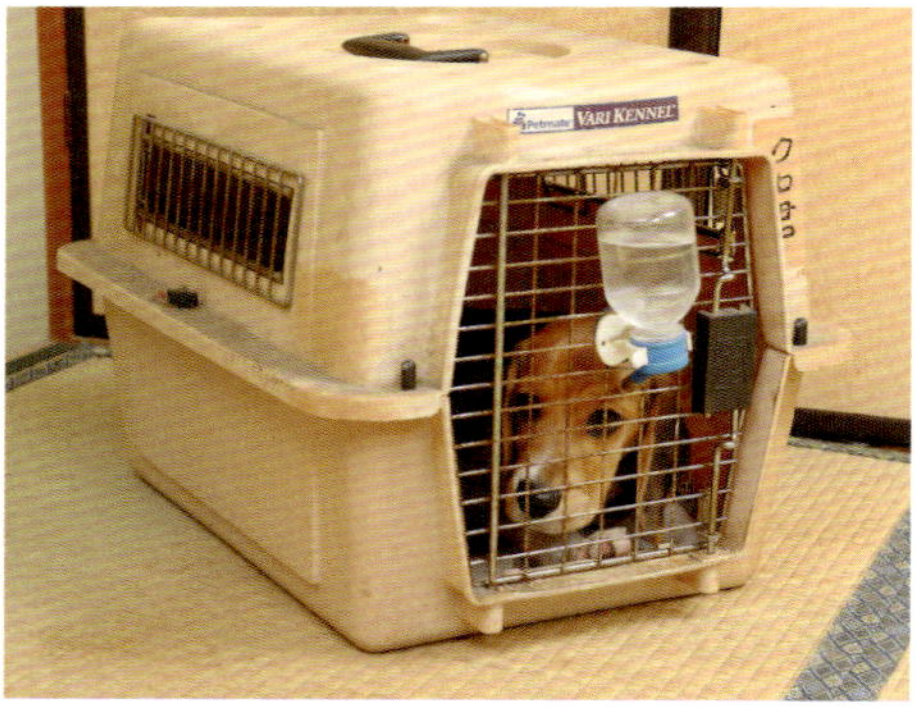

「この中にいると安心」と思わせておくことが肝心です。

待合室での振る舞い方

動物病院の待合室では、ほかの動物や飼い主さん、獣医師に迷惑をかけないよう努めるのがマナー。感染症予防のためにも、子犬はクレートに入れたままにして、ほかの動物と接触しないように気を付けましょう。

初めて動物病院に来た子犬はどうしても緊張してしまうため、やさしく話しかけるなどして落ち着かせてあげてください。

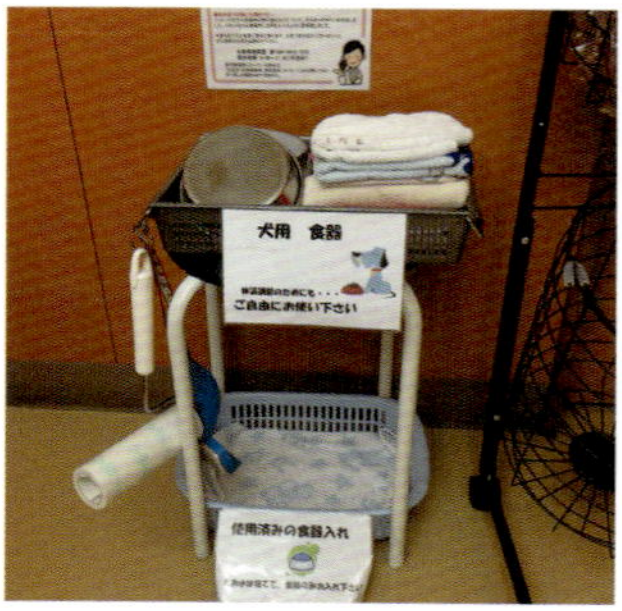

来院したペット用に、食器やタオルを貸し出しているところも。ワクチン接種後なら使っても良いでしょう。

初めての健康診断

子犬の健康に関する情報が得られる良い機会です。

　信頼できそうな動物病院が見つかったら健康診断を受けます。最初の健康診断では、現在の健康状態や持病の有無、体質をチェック。通常は目・耳・口・心音の確認と触診が中心で血液検査やレントゲン検査は行いませんが、異常が見つかった場合はそれらの検査を行うこともあります。

　このときの診断結果が、毎日の健康管理の方針を決める指標となります。診断を行った獣医師に相談し、体質の特徴、食事や運動で気を付けたいこと、注意したい病気などについてアドバイスをもらいましょう。ブリーダーやペットショップから親犬の病気の経験や体質に関する情報を聞いている場合は、それも伝えておくとより診断しやすくなります。

　また、身体検査でマイクロチップの有無も確認します。犬猫の身元確認を目的とするマイクロチップは、２０１９年６月の動物愛護法改正でブリーダーに装着が義務づけられています（施行は公布後３年以内）。

　場合によっては、最初の健康診断と同時に１回目のワクチン接種を行うことも。診察中やワクチン接種時は、獣医師や動物看護師と協力して子犬を保定（体を動かさないよう抑えること）しましょう。初めての環境や体をさわられることで子犬は警戒していることが多いため、飼い主さんがそばで声をかけたりして安心させることが重要なのです。ふだんから体をさわられることに慣らしておくと、初めてでもそれほど警戒させずに済みます。

“社会化”ができる場・動物病院

　動物病院は、診察や治療、ワクチン接種を行う以外に、ほかの犬と交流して社会化ができる場でもあります。待合室でふれ合うだけでなく、パピークラス（パピーパーティー）といって子犬同士を交流させる催しを開いている動物病院もあるので、ワクチン接種後なら無理のない範囲で参加させてみるのもおすすめ。犬との付き合い方を学べるほか、動物病院に行くこと自体を好きになってもらえるというメリットもあります。

ワクチン接種

**感染症予防に欠かせないワクチン。
時期や回数を確認し、忘れないように受けさせましょう。**

ワクチンの必要性

そもそもワクチンとはどんなもので、何のために行うのでしょうか。

ワクチンは病気に感染しにくくするために接種するもので、予防接種とも言います。無毒化したウイルスや細菌またはその一部を体内に入れることで前もって抗体を作らせたり、免疫細胞にそのウイルスや細菌の情報を記憶させることによって、実際にウイルスなどが侵入してきたときにいち早く対応できるようにして病気を防ぐのです。ワクチンによって予防できる病気は多く、きちんと接種して病気を防ぐことが飼い主さんの務めです。

ワクチンの仕組み

無毒化したウイルスや細菌またはその一部を体内に入れる

↓

抗体を作らせる／免疫細胞にウイルスや細菌の情報を記憶させる

↓

実際にウイルスが侵入してきたときにすばやく対応できる

ワクチンについて疑問があったら、かかりつけの獣医師に相談しましょう

予防できる病気

ワクチンで
防げる病気と接種の頻度を
確認しましょう。

現在日本で犬に対して行われているのは、狂犬病を予防するワクチンと、感染症を予防する混合ワクチンの2種類。このうち狂犬病は、法律で3か月齢以上の犬に接種が義務づけられているため、必ず受けさせるようにしてください。

混合ワクチンは、発生率が高くほかの犬や人へ伝染する可能性もある複数の感染症（下表参照）を予防するものです。接種は義務ではなく任意ですが、愛犬と周囲の犬や人の健康のためにも欠かさず接種を。混合ワクチンには5種混合から9種混合までの種類があり、どれが適切かは環境や住んでいる地域によって変動があります。

狂犬病・混合ワクチンともに1回受ければ済むものではなく、定期的に接種することが必要。その時期（頻度）は、犬の月齢や体質によって異なります。

ほとんどの子犬は、病気に対する免疫を母犬の母乳（初乳）からもらいます。この免疫は生後約2～4か月でなくなりますが、なくなる時期は個体差があり、免疫が切れたかどうかは見た目で判断できません。そのため確実に病気を予防するには、生後約2～4か月のあいだに何回か接種することが求められるのです。

効果を確実に持続させるために、初回接種から1年目以降は、毎年1回分追加で接種しておくと安全といわれています。ただ、ワクチンの接種時期については議論があるため、信頼できる獣医師に相談して決めることをおすすめします。

ワクチン接種によって予防できる病気

- ○ 犬ジステンパー
- ○ 犬パルボウイルス感染症
- ○ 犬伝染性肝炎
- ○ 犬アデノウイルス2型感染症
- ○ 犬パラインフルエンザ
- ○ 犬レプトスピラ感染症
- ○ 犬コロナウイルス感染症
- ○ 狂犬病

ワクチン接種スケジュール

幼犬期に
いつ・どのワクチンを
接種すればいいのか、
チャートで確認しましょう。

第１回

混合ワクチン

生後８週以上＆飼い始めてから14日以上に接種します。

第２回

混合ワクチン

第１回目から３～４週間後に接種します。

初回以降も、
狂犬病ワクチンは
混合ワクチンの
３～４週間後に
接種

狂犬病ワクチン

第１回目の混合ワクチン接種より３～４週間後（第２回目混合ワクチンとほぼ同じ時期）に、第１回目を接種します。

第３回

混合ワクチン

第２回目から３～４週間後に接種します。

一般的な
接種の間隔は
１年に１回

定期的に接種

混合ワクチン・狂犬病ワクチンともに、生後15～18週目以降は定期的に接種するようにしましょう。期間は獣医師と相談して決めてください。

保護犬を迎える

保護団体や行政機関で保護された犬を迎えるのも、選択肢のひとつ。その注意点と具体的な迎え方を紹介します。

保護犬について知る

保護犬の特徴と気を付けたい点を確認します。

保護犬とは一般的に、何らかの事情でもとの飼い主と離れて動物保護団体（民間ボランティア）や動物愛護センター（行政機関）に保護された犬を指します。ビーグルが保護犬全体に占める割合はさほど高くありませんが、「声が大きい」、「活発すぎる」といった特徴との相性の問題で飼えなくなるケースもあるようです。

保護犬には、もとの家族や悪質なブリーダーによる飼育放棄、さまよっていたところを保護されるなどの経験を経て、人間不信や健康上のトラブルを抱える犬も少なくありません。そんな事情から「保護犬を飼うのは難しい」というイメージで敬遠されることもあるようです。しかし実際は、適切に接すればブリーダーやペットショップから迎えるのと変わらず生活を楽しむことができるのです。

その背景には、多くの保護団体や愛護センターで1頭でも多くの保護犬が新しい家族を見つけるために行ってきた、病気の治療やケア、警戒心をやわらげて人と暮らしやすくするといった活動の積み重ねがあります。近年はインターネットで情報発信がしやすくなり、保護犬の迎え方や一緒に暮らす際の注意点を調べやすくなったのも大きいようです。

多くの保護団体関係者が指摘しているように、保護犬との生活に大事なのは「かわいそう」ではなく「この犬と暮らしたい」と思って迎えること。あまりかまえずに、迎える犬を探すときの選択肢のひとつとして検討してみましょう。

保護犬には成犬が多いので「どういう性格か」が子犬よりもわかりやすいというメリットもあります。

保護犬の迎え方

保護犬を迎えるための
基本のコースを
チェックしましょう。

※各段階の名称や内容は一例です。保護団体や動物愛護センターによって異なりますので、申し込む前に確認しましょう。

申し込み

保護団体や動物愛護センターで公開されている保護犬の情報を確認し、里親希望の申し込みをします。最近は、ホームページを見てメールで連絡するシステムが多いようです。

どこに
どの犬種がいるかは
タイミング
で変わるので、
まずはビーグルの
いるところを
探しましょう

審査・お見合い

メールなどでのやりとりを通じて飼育条件や経験を伝え、問題がなければ実際に保護犬に会って（お見合い）相性を確かめます。

譲渡会など保護犬と
ふれ合えるイベントも
定期的に開催されて
いるので、この機会に
お見合いをするのも
おすすめ

トライアル

お見合いで相性が良さそうだったら、数日間～数週間のあいだ試しに一緒に暮らしてみて（トライアル）、「生活に支障がないか」を確認します。

期間は
保護犬の状態に
応じて
変わることも

契約・正式譲渡

トライアルを経て改めて里親希望者・団体の両方で検討し、迎えることを決めたら正式に譲渡の契約を結び、自宅に迎えます。

保護犬を迎えるまで

里親希望者が気を付けたいポイントは次の通りです。

申し込み

里親の希望を出す前に、犬を飼った経験や飼育条件（生活環境や家族構成ほか）をまとめておきましょう。直接会う段階の前に、必ず担当者から聞かれるはずです。時には経済状況や生活スタイルの細かい点まで質問されることがありますが、里親と保護犬の快適な生活のために必要なことですので、できる限り対応してください。

また、人気のある保護犬だと複数の里親希望者が名乗り出ることがあります。そのときは団体（行政機関）側が希望者の飼育条件をもとに最も適した人を選びますが、選ばれなくてもあまり気にせず「ほかにもっとぴったりの犬がいる」と思うようにしましょう。

時には最初に希望したのとは別の保護犬をすすめられることもあるかもしれませんが、それは団体や行政側が条件などを考慮した上で「この人（家庭）ならこの犬のほうが良さそう」と判断されたということ。「つねに家に人がいるなら留守番が苦手な犬でも大丈夫なのでは」などの理由があっての提案なので、最初の希望に固執せず検討を。

保護犬との相性

飼育条件の確認で問題がなければ、対象の保護犬と直接会って相性を見る段階（お見合い）に移ります。その犬を預かって世話をしている預かりボランティアのお宅を訪問する場合もあれば、保護団体が開催する譲渡会（里親募集中の保護犬とふれ合えるイベント。主に里親探しと保護活動に関する啓発のために行う）で対面を果たす場合もあります。

初対面では保護犬は警戒していることが多く、すぐには近寄ってこないかもしれません。そういうときは無理をせず、犬の方から近付いてくるのを待ちましょう。また、預かりボランティアや担当のスタッフから、その犬のふだんの過ごし方や病気・ケガの回復状況、飼うときの注意などを直接聞いてみてください。

面会では、スタッフのアドバイスに従って接するようにしましょう。無理をすると、犬に負担をかけてしまいます

保護犬を迎えてから

保護犬ならではの
注意点に配慮して、
できることを少しずつ
広げていきましょう。

保護犬との生活

　犬は本来適応力が高く、保護犬でもすぐ新しい環境になじむケースが少なくありません。ただ、スムーズな新生活のスタートには飼い主側の態勢や接し方が重要。ブリーダーやペットショップから迎える場合と同じように、犬の様子を見ながら対応することが大事なのです。ビーグルは基本的に明るく人懐こい性格の犬が多いですが、それまでの経験から人と距離を置いていることもあります。無理のない範囲で距離を縮めましょう。

　新しい環境に置かれた犬はまず、危険がないか周囲を観察します。そのあいだは手を出さず、食事やトイレなど最低限の世話だけして、犬が環境に慣れて自然と寄ってくるまで放っておくこと。どれくらいで慣れるかはその犬によりますが、犬自身のペースに合わせることで信頼関係ができますので、気長に待ってあげてください。

　もし健康管理やしつけなどで壁にぶつかったら、もといた保護団体や動物愛護センターに相談することも可能です。多くの団体や行政機関では、譲渡後の相談を受け付けています。その保護犬を世話していた担当者やほかの里親さんがアドバイスをしてくれるはずなので、協力をあおぎましょう。保護犬には、複雑な事情を抱えている犬もいます。それを幸せにするには、周りの人と協力して犬と向き合うことがカギになるのです。

団体や飼い主さんとの交流を広げたい場合は、譲渡会に参加するのがおすすめ。譲渡会はペットのイベントなどでも開かれています。

Part3

ビーグルのしつけとトレーニング

ビーグルは、猟犬の習性をある程度残す犬種。
それを理解・活用して
ゲームなどでしつけを行うのがおすすめです

ビーグルの行動学

**吠える、噛むといったいわゆる“問題行動”。
行動学の見地から理由を探ります。**

犬の事情を理解する

ビーグル側にも
行動の理由があるのです。

犬の室内飼いが増えるにつれ、ムダ吠えなどが〝問題行動〟として取り沙汰されることが増えました。しかし、それらは人間にとって迷惑でも、犬にとっては必然性のある行動であることを忘れてはいけません。

　とくにビーグルは、もともとは狩猟犬。獲物を追いかけたり、吠えて居場所を知らせるといった行動は本能によるもので、狩猟犬として働くときはそうやって人の役に立ってきたのです。ある行動を簡単に「問題」と決めつけないで、犬種の歴史を考慮してあげてください。

　また、生後間もないころに親犬と引き離された経験や社会化が不十分なことなどが原因で不安や警戒心が募り、攻撃的な行動につながるケースもあります。その場合は後から克服することが非常に難しいため、子犬を迎える段階から注意することが重要。ブリーダーやペットショップでの子犬の生育環境を確認し、早くに親犬と引き離されたり、ストレスの多い環境で育っていないかを確認しましょう。

　ムダ吠えや散歩中の引っ張り、ものを壊すといった行動のほとんどは、社会化期（生後8～12週）にしつけやほかの犬・人との交流（社会化）がされていないことが原因で起こります。飼い主さんは大変かもしれませんが、犬自身も警戒や緊張することが多くて気が休まりません。お互いに快適な生活を送るために「何が問題か」を理解して、愛犬に合った対応をしてあげることが肝心です。

問題行動改善の前に

特定の行動を予防＆止めるための考え方を確認します。

難易度別・基本のコマンド

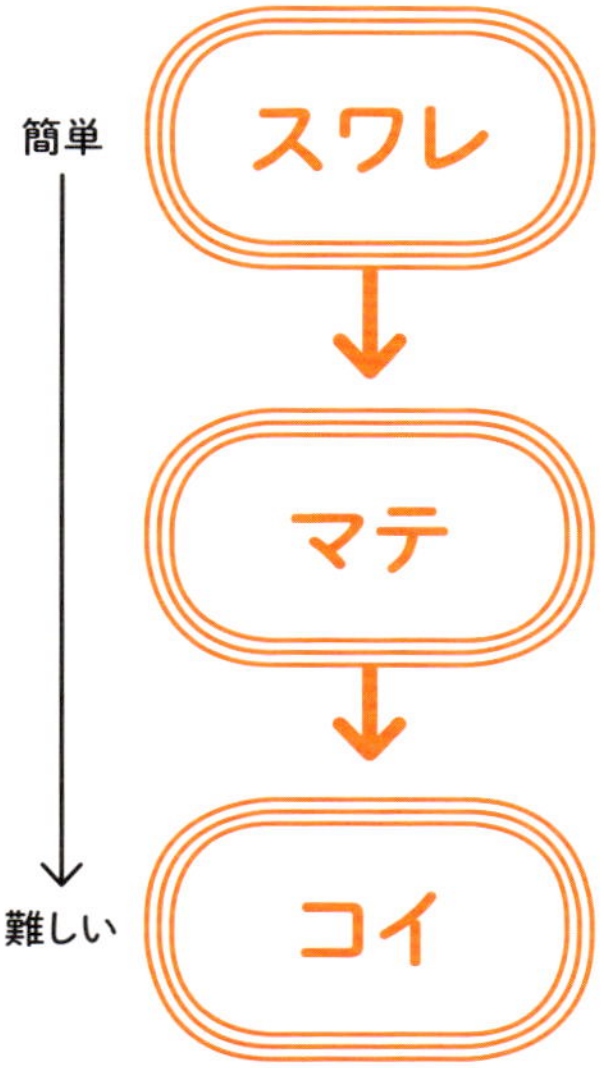
簡単
スワレ
マテ
コイ
難しい

実際に吠えなどの行動を予防したい（やめさせたい）場合は、どうすればいいのでしょうか。飼い主さんが挑戦しやすいのは、基本的なコマンドを教えて、問題の行動を起こしそうになった（起こした）ときにそれを使って止める方法です。

覚えておきたいコマンドは、「スワレ（オスワリ）」、「マテ」、「コイ（オイデ）」の3種類。犬の社会化期にこの3つを教えておけば、さまざまな場面で活用できます。最初は「スワレ」から始めて、すべてできるまで根気強く繰り返し練習しましょう（P44～参照）。うまくできないときは無理をせず、動物の生態や行動学を学んだプロのドッグトレーナーに相談したほうが確実です。

ビーグルは、とくに扱いが難しい犬種ではありません。ただエネルギーがあり余っているので、運動不足になるとストレスがたまって攻撃的な行動を起こす場合があるので要注意。コマンドも入りやすいので、きちんと教育すれば一緒に生活することにさほど困らないと思います。

次ページから、
代表的な
問題行動の理由と
対処法を
紹介します！

お散歩中にリードを引っ張る

難易度

1

基本のコマンドを使った初歩的なトレーニングが有効なパターンです。

屋外を歩いているときにさまざまなニオイを嗅ぎ、その方向へ行こうとするのは犬の本能による行動。ビーグルのようにもともと鼻を使って獲物を追う猟犬だった犬種は、とくにその傾向が強いようです。自然な行動ですので、「落ち着きがない」などマイナスの意味に受け取る必要はありません。

対処法

愛犬がリードを引っ張りそうになったら「スワレ」のコマンドを出して、動きを止めます。お散歩のたびに繰り返すことで徐々に慣れ、引っ張らないようになるはずです

トイレをなかなか覚えない

犬に限らず、動物が排尿や排便をするのはだいたい食後や運動の後。お散歩中にトイレを済ませる犬が多いのは、マーキング以外に体を動かしたことで出やすい状態になるからです。ただ、シニア期の介護や衛生面を考えると、排泄は室内または庭に設けたトイレでさせるのが安心。

対処法

犬が排泄しそうなタイミングでトイレに連れて行き、「ここでするんだ」と覚えさせましょう。お散歩中など自宅に戻ってトイレへ連れて行くのが難しい場合は、持参したトイレシートを出してその上にさせればOK

拾い食いをする

難易度

2

悪いクセの克服が必要なパターンです。

たいていの犬はものを食べるときにあまり噛まずに飲み込む習慣があり、満腹を感じにくいことからつねに空腹を抱えているといわれます。なかでも食欲旺盛なビーグルは、獲物を追う習性からより満腹感が得られにくいと考えられます。いつもおなかを減らしているからこそ、拾い食いしてしまうのです。

対処法

拾い食いをとっさに止めるには、「マテ」のコマンドがいちばん。そもそもの空腹状態を改善するためには、フードを小分けにして出すなどしてよく噛んで食べさせることです

ものを壊す

対処法

ものを壊す以外に分離不安のサインが出ている場合は、ドッグトレーナーに相談を。また、毎日の食事やお散歩の時間が多少ずれても犬が動じないように慣らすことも有効

飼い主さんと引き離されたことによる不安（分離不安）などが、ものへの攻撃的な行動として現れていると考えられています。また、毎日同じ時間に食事が出ていたのに、ある日突然それがずれたときに犬がパニックを起こし、こうした行動に出るケースも。どちらも「不安」が原因なので、飼い主さんが安心感を与えることが重要です。

吠える・鳴く

犬が吠える（鳴く）のは本能的な行動で、けっして悪いことではありません。とくにビーグルは狩猟犬として働いていたとき、吠えるのは大事な仕事でした。急に「吠えちゃダメ」と言われても、そう簡単に習慣を変えられません。「吠えるのが自然なこと」と理解した上で、ムダ吠えを少なくするという姿勢が大切です。

難易度 ③

工夫して
共生することが
必要なパターンです。

対処法

原因がわかれば、それを取りのぞくなどの方法が考えられます。しかしよくわからないことも多く、なかでもムダ吠えの対応は難しいといわれます。意味なく吠えているようでも、犬にとって理由がある場合が多いもの。犬の気持ちを少しでも理解できるよう努力し、問題行動を予防するのが飼い主さんの役目です

人や犬を怖がる・威嚇する

人やほかの犬に対してつねに過剰な警戒をする犬は、子犬のころに母犬と離される時期が早かった可能性があります。他者との接し方など母犬が本来教えるべきことを十分に教えられなかったことで、恐怖心や攻撃性が強い犬に育つといわれているのです。

対処法

すでにこうした状態になっている犬の改善は難しく、はっきりした解決策は見つかっていません。まずは、子犬を迎える前に一定期間（理想は生後８週間以上）より早くに母犬から離されていないかをチェック。その上で動物行動学の専門家か獣医行動診療科認定医などに相談を

子犬の遊び

単純な遊びにもコツや注意点があります。
子犬にはまず“正しい遊び方”を教えましょう。

引っ張りっこ

終わりのタイミングは
飼い主さんが
コントロールしましょう。

1 犬の目の前にオモチャを差し出して動かします。“獲物” に見えるよう、動かし方を工夫しましょう。

POINT

犬が
引きずられたり、
体が持ち上がる
のはNG

2 犬がオモチャをくわえたら、上下左右に動かします。歯に負担をかけないように、最初はゆっくり、次第に強く。

3 終えるときは、目の前でオモチャをしまって「オシマイ！」と声をかけましょう。最後におやつをあげて終了の合図にしても○。

モッテコイ

これができれば、
ドッグランでも困りません。

1

リードを付けた状態で、犬の近くにオモチャを投げて取りに行かせます。

2

犬がオモチャをくわえたら「オイデ」と声をかけながら後ろへ下がり、オモチャを持って来るまで待ちます。

3

犬がオモチャを渡したがらないときは、引っ張りっこをして軽く遊び、ゆっくりとオモチャを犬の口から離しましょう。

オモチャは、
ひも付きボールのように
犬がくわえていても
取り返しやすいものが
便利です

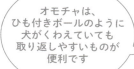

トレーニングのコツ

ビーグルには、嗅覚を使ったトレーニングがおすすめ。ストレスを解消し、問題行動の防止につながります。

嗅覚を活用する

ニオイを嗅ぐことで、ストレス解消に役立てます。

活発でパワフルなビーグルは、運動する機会や刺激が少ないとストレスがたまります。そうならないために取り入れたいのが、鼻を使ったニオイの嗅ぎ分け。猟犬だったビーグルはニオイを嗅ぐことが大好きなので、ストレスを効率良く解消できるのです。また、集中してニオイを嗅ぐことで、通常のお散歩よりも体力を使わせることができます。まずは基本のコマンドを教えてから、ニオイを嗅ぐトレーニングに挑戦しましょう。

ビーグルのトレーニング・3つの心得

その1 朝の運動が肝心！

午前中に体力を消耗すれば日中はお昼寝をしてくれて、留守番中などにいたずらをするリスクもぐっと下がります。

その2 おやつを活用する

「遊びたい！　食べたい！」という本能が強いビーグル。おやつを効果的に使って誘導しましょう。

その3 運動は量より質！

大事なのは運動の時間ではなく「何をしたか」。ニオイを嗅ぐゲームを取り入れれば、効率良く体力を消耗させられます。

オスワリ

トレーニングの前に
基本のコマンドを
覚えましょう。

1 リードを付けた状態で犬に「オスワリ」と声をかけます。

POINT

おやつを
犬の頭上に持って行き、
自然とオスワリの
体勢を取るように
誘導しても○

2 犬が座るまで待ち、座ったらほめておやつを与えます。

マテ

落ち着かせたいときに
役立ちます。

1 リードを付けた状態で犬にオスワリをさせ、「マテ」と声をかけます。

2 何度か「マテ」と声をかけながら、飼い主さんが犬の隣まで移動。犬が動かずにいたらおやつをあげてほめましょう。

3 ②ができるようになったらリードを外し、犬と飼い主さんのあいだの距離を離していきます。

POINT

途中で動いても
しからず、無言で
元の位置に戻して
やり直してください。

犬が
トレーニングに
嫌な印象を
持たないように
気を付けましょう

宝探しゲーム

実際におやつを使ってニオイを嗅ぐ
「くんくんトレーニング」にチャレンジしましょう。

屋外で遊ぶ

限られたスペースを
うまく利用しましょう。

公園やドッグランはものを隠す場所が多く、嗅覚を使ったトレーニングにぴったり。おやつを使って、目的のものを探す楽しみを愛犬に教えてあげましょう。隠す場所や隠し方（葉で覆うなど）によって難易度が変わるので、いろいろな楽しみ方ができます。トレーニングをするときはリードを外さないなど、マナーや周囲の人への配慮も忘れないようにしましょう。

屋外で遊ぶときのポイント

□人が多いところはNG

なるべく人の少ないスペースで、周りの迷惑にならないよう気を付けましょう。

□午前中がおすすめ

日差しがあるほうが地面のニオイが立ち上るため、ビーグルの鼻がききやすくなります。

□必ずリードを付けて！

公園は公共のスペース。愛犬にリードを付け、飼い主さんは後ろを付いて行きましょう。

２人以上だとおやつを隠しやすいのでおすすめ。１人の場合は、隠すときに犬を安全な場所につないでおきましょう。

遊び方

基本の遊び方を
チェックしましょう。

1 ポーチの中からおやつを取り出して犬に与え、ポーチにおやつが入っていることを認識させます。

2 ポーチを手元から少し離れた地面に置き、犬にポーチのニオイを追わせます。

POINT

ニオイを追えるように、ポーチより風下に犬を連れて行きます

3 ②ができるようになったら、ポーチを隠して見つけさせます。複数のポイントでポーチを隠したふりをして、カムフラージュしましょう。

4 「探せ！」と声をかけ、リードを持ったまま犬が行きたがる方向へ自由に歩かせて、ポーチを探させます。

5 犬がポーチを見つけたら、ほめてごほうびに中のおやつをあげましょう。

難易度別・隠しポイント

隠す場所によって
難易度がかなり
変わります。

レベル2

平らな場所+葉っぱ

葉っぱのニオイに紛れ、目で追えなくなるので探しにくくなります。

レベル3

茂みの中

犬の目や皮膚に傷が付かないような隠し場所を慎重に選んでください。

レベル5

犬から見て風下

ポーチのニオイを追うだけではなく、頭で考えてポーチを“見つける”ことが目的になっていないと見つけられない場所。

レベル1

平らな場所

あまりくんくんしなくても見つけられる初心者向けポイント。

レベル4

日陰

日陰はニオイが立ち上らないので、難易度が一気に上がります。

高いところに挑戦

宝探しゲームができるようになったら、高さのあるところに挑戦。

ビーグルは地面に鼻を着けてニオイを追う習性（地鼻）があるので、高い場所になるとぐっと難易度が上がります。

|難|易|度| 高

POINT

ポーチの上に葉っぱを載せるだけでもニオイの濃さが変わります

|難|易|度| 中

風向きや日差しの強さによって、隠したのとは別の場所にニオイのたまり場ができることも。犬がなかなか見つけられない場合は、近くに誘導してあげましょう。

コップ隠しゲーム

天気が悪いときや室内で遊びたいときは、
宝探しを応用したゲームがおすすめです。

遊び方

"当たり"のコップを
当てられるよう
誘導します。

1 おやつを入れて伏せたコップを用意し、ニオイを嗅がせます。

POINT

探している
途中でコップを
倒してしまっても
かまいません

2 犬をコップから少し離れた位置まで連れて行き、ニオイを追わせます。最初はコップ1つから。

3 コップのニオイを追うようになったら、おやつの入っていないコップを増やします。

POINT

おやつの入った
当たり用のコップは、
ニオイ移りを防ぐために
いつも同じものを
使用しましょう。
コップの下にハンカチや
色紙などを敷くと
ニオイが床に移らず、
より探しやすくなります

ニオイを嗅ぎ分ける

慣れてきたら、
嗅ぎ分けに
チャレンジしましょう。

1 口の広いビンにおやつを入れて、中のニオイを嗅がせます。

2 コップ探しゲームと同様に、おやつの入ったビンを探させます。

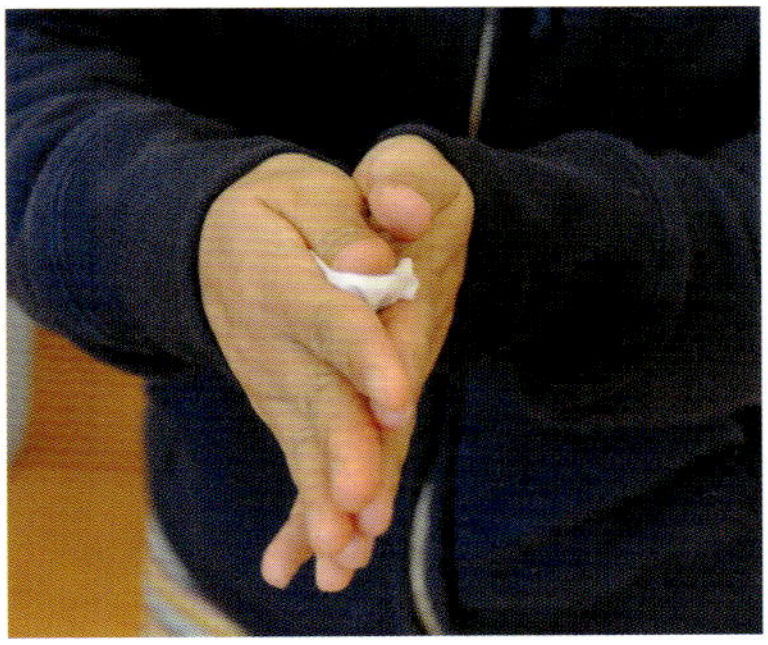

3 ②で探せるようになったら、おやつと一緒に人のニオイが付いたガーゼを入れます。最初は覚えやすい飼い主さんのニオイを付けるのがおすすめ。

4 当たりのビンにおやつと一緒にガーゼを入れ、①～②を繰り返します。最終的におやつなしでもできるようになるまで練習しましょう。

POINT

ガーゼを手でこすり、
ニオイを付けます

吠えへの対処

**吠えるクセのある犬は、しかってやめさせるよりも
「今は吠えなくても大丈夫」と理解させましょう。**

原因を取りのぞく

「なぜ吠えるのか」を
探りましょう。

POINT

犬が吠える主な理由は
「刺激に対する反応」
と「警戒」。
原因をなるべく減らすほか、
刺激に慣らしたり、
吠えても反応せずに
クールダウンさせる方法が
おすすめです

オモチャの引っ張りっこ中に興奮して吠えることも。吠えそうになったらオモチャを渡すなど、テンションを上げすぎないようコントロールしましょう。

外が見える環境だと、外部の刺激に反応してしまいがち。窓にカーテンやブラインドを付け、視界を遮ることで犬自身も落ち着くはずです。

要求吠えは無視

おやつなどを欲しがる
「要求吠え」には
対応しないように
しましょう。

1 欲しがっているもの（ここではおやつ）を持ったまま犬から顔を背け、落ち着くのを待ちます。おやつを持った手は体の後ろでもOK。

2 犬が吠えるのをやめたら、おやつを与えましょう。

NG

おやつやオモチャを要求して吠えているときに与えると、「吠えればもらえる」と覚えてしまいます。

要求吠えのたびに
これを繰り返せば、
「吠えるともらえない」
と学習します

チャイムに吠える犬は、何度も音を聞かせて慣れさせます。リードを着け、音に反応しても玄関まで行かせません。吠えても飼い主さんは反応しないように。

刺激に慣らす

多少の刺激には
動じないよう
繰り返し練習します。

POINT

フセの体勢は
吠えにくいので、
フセをさせて
おくのも
ひとつの手段です

最初は落ち着いていても、遊んでいるうちにヒートアップする可能性があります。

“群れ”の心理に注意

猟犬時代にパック（群れ）で獲物を追っていたビーグルは、集まるとより吠えやすくなる傾向があります。ビーグル仲間と交流するときはよく様子を見て、興奮しすぎる前に離したほうが無難です。

興奮の目安は、
「飼い主さんの
呼びかけにすぐ
反応するかどうか」

仲間と一緒だと気が大きくなり、要求吠えが激しくなることも。

拾い食いを防ぐ

道には何が落ちているかわからないので、
拾い食い対策は欠かせません。
なるべく子犬のうちからトレーニングを。

原因を取りのぞく

無理に
我慢させるのではなく
自然と誘導しましょう。

POINT

「拾い食いするより
飼い主さんの言うことを
聞いておやつを
もらったほうがいい」と
思わせるのがコツです

お散歩時のリードは体のそばに

散歩中は、飼い主さんがリードを短く持って腰あたりに引き付けておくと、犬の急な動きにも対処できます。引っ張られても飼い主さんは体を動かさず、犬があきらめるのを待ちます。リードを引いて止めるときは、首に負担をかけないよう注意しましょう。

リードはたるませず、張っている状態がベスト。

食事時の「マテ」

毎回の食事で
待つ練習をすると有効。

1 フードボウルの手前で犬にオスワリかフセをさせ、「マテ」と声をかけます。動いたらフードボウルを取り上げてやり直し。

2 犬が待っていられたら、「ヨシ」と声をかけて食べさせます。待つ時間は、最初は数秒でOK。だんだん長くしていきましょう。

3 すぐにフードボウルに飛びついてしまうようなら、手にフードを持って練習を。犬が動いたらさっと手を上げてフードを遠ざけることができます。

「食」に特化して
待つことを
覚えると、
拾い食い防止に
つながります

落ちている食べもの対策 基礎編

散歩中にものが落ちている状況を想定して練習します。

1　床（地面）におやつを置き、カゴをかぶせます（ふた付きの容器でもOK）。かぶせる前に犬にニオイを嗅がせて「食べものがある」と認識させておきましょう。

2　犬にリードを着けてカゴのそばを歩きます。あまり速度を上げすぎず、犬がカゴに気付くくらいの速さで。

3　犬がカゴのニオイを嗅いだり中のおやつを出そうとしたら、名前を呼んで注意を反らします。

POINT

繰り返して、「落ちているものを食べるよりもらったほうがいい」と学習させます

4　カゴにかまうのをやめて飼い主さんの顔を見たら、手に持っていたおやつを与えてほめましょう。

落ちている食べもの対策

応用編

慣れてきたら、カゴなしでできるようにします。

1 おやつだけを置き、そのそばを通ります。カゴありよりも犬が反応しやすいので、最初は手元のおやつで目線を引き付けながら名前を呼びます。

POINT

落ちているほうへ行ってしまうようなら、手元のおやつを少しずつ与えながら歩きましょう

2 犬の目線を飼い主さんの手元（または顔）に引き付けたまま、早足で歩きます。無事に通り過ぎたらフードを与えてほめましょう。

POINT

「拾い食いしなければ良い」と理解させます

3 繰り返しながら徐々に「手元のおやつあり→なし→名前呼びなし」と変えていき、最終的に何もしなくても落ちているものをスルーできるようにします。

NG

完全に「落ちているおやつを食べる」モードになってしまったら気を反らすのが難しいため、いったん回収してやり直しましょう。

Part4
ビーグルの
かかりやすい病気&
栄養・食事

丈夫なビーグルですが、やはり「かかりやすい病気」
は存在します。注意したい病気とその対策、ビーグル
ならではの栄養と食事（薬膳）を知っておくと安心

ビーグルのカラダ

まず、健康管理で注意したいところをチェック。

耳

健康なビーグルの耳の中はきれいで、ニオイもありません。耳掃除したとき、綿棒にうっすらと茶色いものが付くくらいは正常。それ以上に耳が汚れていたり、ニオイもあるようなら外耳炎の可能性あり。

歩き方

お散歩中などに歩き方をよく見てあげてください。足の運びは順調か、足の一部を斜めに着地したり引きずっていないかなど。どこかに痛みがあったり体幹にゆがみが出てくると、歩き方や走り方が変わります。

顔周りのニオイ

口臭や目やに、鼻汁のニオイ、鼻からの出血などは日ごろからチェック。口を開けて中を見ることに慣れさせておくと、歯ぐきの腫瘤や舌の腫瘍も見つけやすくなります。歯石がたまっていたり歯槽膿漏があると、口腔内の腫瘤などは見逃してしまいがちなので注意。

体をさわる

愛犬をなでるときに皮膚の状態（汚れ具合、脂の状態、ブツブツがないか）や足先・お尻・腰・首をなでていて緊張することはないかを確認しましょう。どこかに痛みがあると、さわっているときの顔の表情や筋肉の緊張でわかることがあります。

体の表面

短毛なので、脱毛や色の変化、赤みなどはわかりやすいはず。発疹などが出ると、毛がぽつぽつと立って見えます。後ろ足でしつこく掻いていたり、口を使って噛んだりなめたりしているときも要注意です。

外耳炎

ビーグルは垂れ耳で耳の中が蒸れやすいため、比較的起こりやすい病気です。仕組みと対処法をチェックしましょう。

外耳炎とは

ニオイやかゆみをはじめとした症状が特徴です。

耳の中で細菌や真菌（カビ／酵母菌の一種）が増えて炎症が起こり、赤くなってかゆみやニオイなどの症状が起こる病気です。すべての犬種で見られますが、とくにビーグルのような垂れ耳だと通気性が悪く、発症率が高いといわれています。

原因はさまざまですが、症状は共通であることがほとんど。こまめに耳の中の状態をチェックして、気になるところがあればすぐに動物病院へ行きましょう。

主な症状

見た目やニオイ

- 耳の穴の周りや奥が赤く見える、腫れている
- 耳から嫌なニオイがする
- 耳垢が増える

犬の様子

- 耳を掻いたり、壁にこすりつけたりする
- 頭を振ったり傾けたりする
- 耳をさわろうとすると嫌がる、怒る

病気のメカニズム

耳内環境を
悪化させる原因を
整理しましょう。

外耳炎を引き起こす主な要因は、ブドウ球菌（細菌）とマラセチア（真菌）です。これらはもともと犬の耳の中に存在していますが、湿度が上がったり耳垢が増えたりして耳の中の環境が悪化すると、どちらか（または両方）が異常に繁殖して炎症を起こします（ほかの菌の増殖によって起こる場合もまれにあります）。

ブドウ球菌やマラセチアが増殖する原因は耳内環境の悪化ですが、悪化の理由は下の３タイプです。

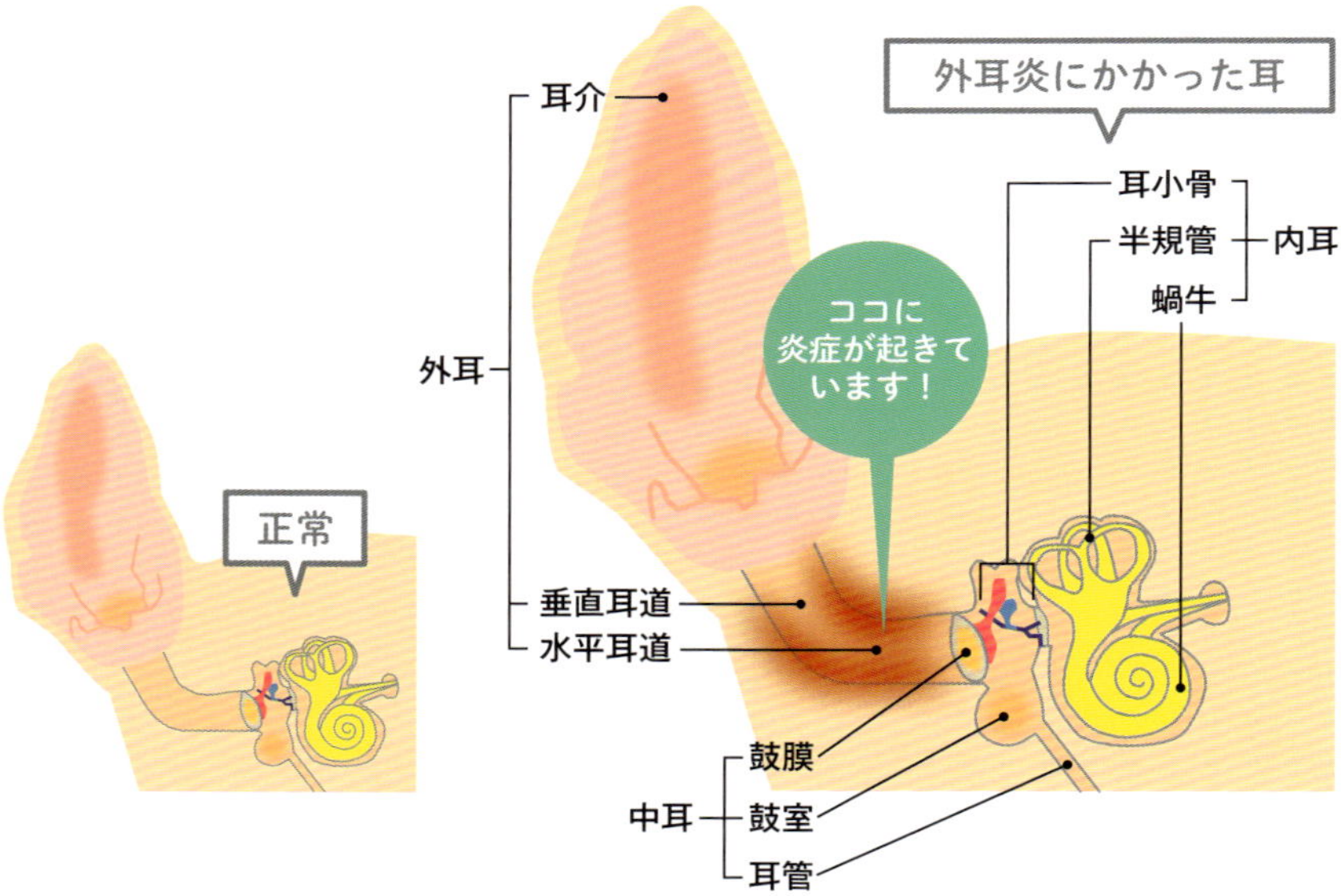

正常
外耳炎にかかった耳
耳介
外耳
垂直耳道
水平耳道
ココに炎症が起きています！
耳小骨
半規管
蝸牛
内耳
鼓膜
鼓室
耳管
中耳

外耳炎悪化の理由

① 乾燥

「耳の中が乾いてかゆくなる→引っ掻いて傷が付く→耳内環境の悪化」と進み、外耳炎につながる。耳垢は乾燥してカサカサしている。

②ターンオーバーの異常

耳の中でのターンオーバー※に異常が起き、耳垢が増えすぎて耳内環境が悪化する。耳垢は湿っている。

③アレルギー性皮膚炎

耳の中で起こったアレルギーが外耳炎につながる。原因となる物質（アレルゲン）を避ければ治まる。

※皮膚を構成する細胞が新しく生まれ変わり、古い細胞が垢となってはがれ落ちるサイクル。

治療とケア

早めに動物病院を受診し、適切な治療を受けましょう。

点耳して炎症を抑える外耳炎治療薬と、耳の中をきれいにする耳用洗浄薬で治療を行います。ブドウ球菌とマラセチアのどちらが増殖していても対応できるよう、ほとんどの治療薬には抗菌薬と抗真菌薬の両方が配合されています。洗浄薬は耳垢を分解して取りのぞきやすくした上で保湿し、耳内環境を改善するもので、発症後の治療だけでなくふだんの耳掃除でも使います（細かい成分や働きは、製薬メーカーや製品によって異なります）。

たいていのケースは治療薬と洗浄薬で対応できますが、治療せずに長期間放っておくと耳道がふさがってしまい、手術が必要になることも。そうなる前に動物病院を受診して対処するようにしましょう。なかなか治りにくい場合は、内服薬を併用することもあります。

こまめな
耳掃除で耳の中を
清潔に保つことが、
予防や再発防止に
役立ちます
（P98～参照）

その他の耳の病気

耳血腫

耳介（耳たぶ）に血液や体液がたまり、炎症を起こして腫れ上がる病気。犬が耳を引っ掻いたりものにこすりつけると耳介で内出血が起きて発症します。腫れた状態でさらにいじると範囲が広がって痛みも出てくるため、早めに動物病院でたまった液を抜くなどの処置を行いましょう。

耳疥癬

ミミヒゼンダニというダニが耳道～鼓膜に寄生して炎症を起こし、強いかゆみやニオイ、黒く硬い耳垢の増加などの症状を引き起こします。治療では、駆虫薬でミミヒゼンダニを駆虫します。ミミヒゼンダニは犬から犬へ感染・寄生するので、寄生されている犬と接触しなければ防げます。

椎間板ヘルニア

若く元気な犬でも起こるので要注意。
「安静」が回復のカギです。

椎間板ヘルニアとは

複数のタイプと
段階があります。

脊椎（背骨）には、椎骨と椎骨のあいだでクッションの役目を果たす椎間板があります。また、脊椎の中に脊髄神経が通っています。椎間板の性質や形状が変化すると、椎間板を構成する物質が脊髄神経の通る脊柱管という場所に突出（逸脱）して脊髄神経を圧迫。こうして発症するのが椎間板ヘルニアで、タイプⅠ（比較的若い年齢で発症）とタイプⅡ（高齢で多く認められる）に分けられます。

腰などいろいろな部位で起こりますが、ビーグルで気を付けたいのは首で起こる頸部椎間板ヘルニア。頭を上げられない、背中を丸めて耳や首・肩周りの筋肉が勝手にぴくぴく動くといった症状を示すことがあります。そうなる前に痛みに気付くことが重要。抱き上げたときにギャンと鳴いたり、体をさわられるのを嫌がるときは痛みがあるかもしれないので、動物病院で診てもらいましょう。

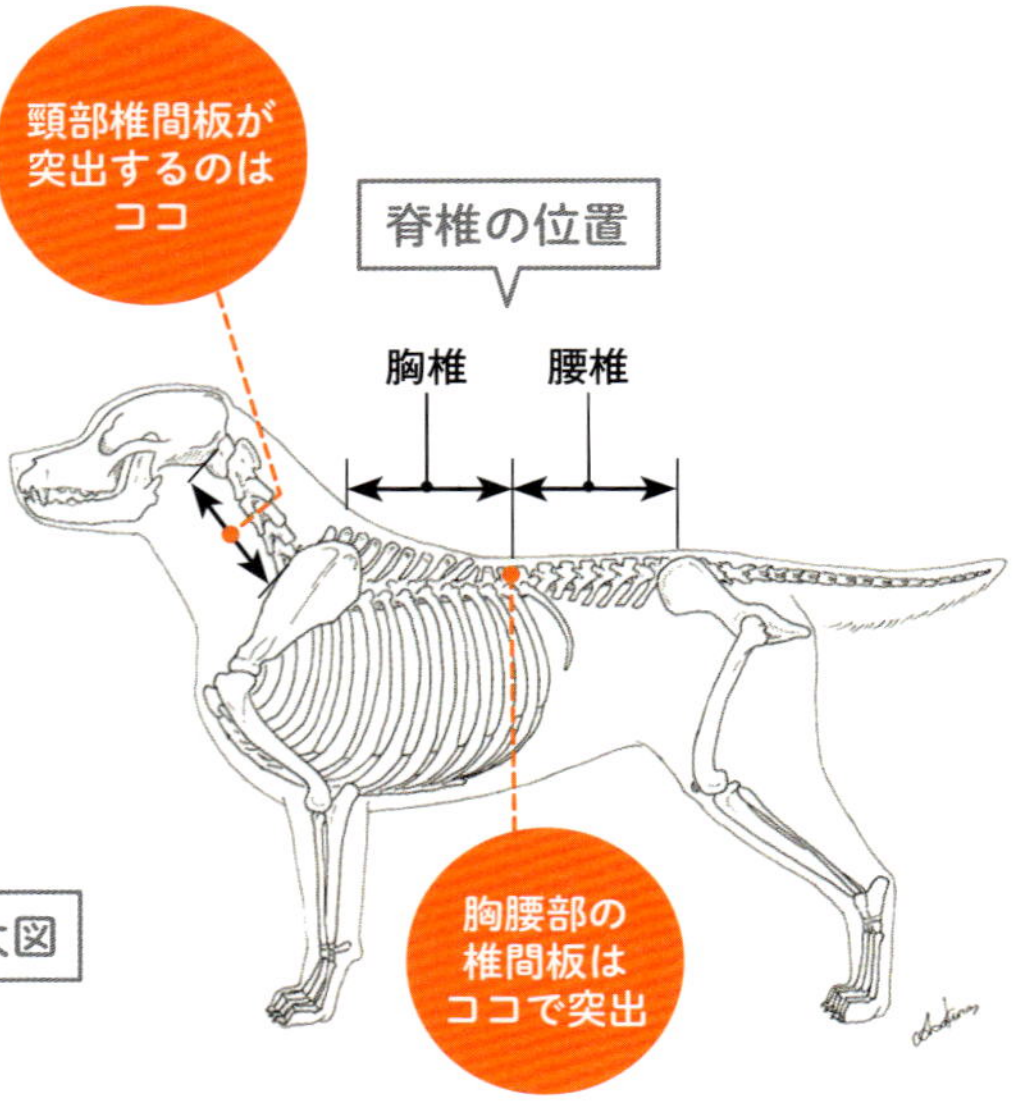
頸部椎間板が
突出するのは
ココ
脊椎の位置
胸椎
腰椎
胸腰部の
椎間板は
ココで突出

脊椎の拡大図
椎間板
椎骨
脊椎の中に脊髄
＝神経が通っている

診断と治療

程度を確認し、それぞれに適した治療を行います。

神経学的検査、レントゲン、CT、MRIなどの検査で重症度を見きわめ、それに応じて内科療法（安静にして様子を見る）や外科手術などの治療を行います。頸部の場合は手術直後から改善する場合もありますが、２週間程度の運動制限が必要になることもあり、頸部に負担をかける首輪の使用は禁止です。

内科療法でも外科手術の回復期でも、大事なのは安静な状態を保つこと。ビーグルは活動的なので難しいようですが、ふだんから落ち着かせるコマンドを教えるなどしてコントロールしやすくしておきましょう。胸腰部（背中〜腰）に発症した場合は５段階のグレードに分けられ、グレード１〜２は内科療法、３以上では外科手術を主に行います（左表参照）。

予防するには、日ごろからしっかりと遊んで、体幹の筋肉を鍛えておくことが大切。坂道など勾配があるところでの運動がおすすめです。

腰部椎間板ヘルニアの重症度グレード

1	痛みがある
2	歩けるがぎこちなく、痛みが繰り返し起こる
3	歩けなくなり、立ち上がれない
4	完全に麻痺状態で、自分で排尿もできない
5	足先を強くつまんでも痛みを感じない（深部痛覚）

頸部に
痛みがあるときは、
頭を上げられずに
背中を丸めている
ことがあります

糖尿病

内分泌系（ホルモンによる体の調節システム）の
病気にも要注意です。

糖尿病とは

さまざまな臓器に
影響が出ることもあるので
要注意です。

すい臓から分泌されるホルモンの一種であるインスリンが不足して血糖値が上昇し、いろいろな不調をきたす慢性疾患。進行すると、肝不全や腎不全につながることもあります。

犬の場合は、血糖値コントロールに必要なインスリン分泌が不足する（すい臓の分泌細胞がなくなったり機能しない）ことで起こります。クッシング症候群（P71）などの病気のほか、肥満やストレスがきっかけで起こるケースがあります。

主な症状

- 多飲多尿
- 異常な食欲
- 体重が減る
- 嘔吐・下痢（重症化した場合）

肥満していると
発症しやすく
なるので、
体重管理が
大事です

診断と治療

インスリン療法と
食事療法を
バランス良く行います。

基本はインスリン療法となり、血糖値を見ながらインスリンの注射量を決めます。診断されたときの症状によって異なりますが、すでに重度の高血糖を長期間維持したままで、多飲多尿が続いてぐったりとしている場合は入院して全身状態を改善させてから自宅で治療を行います。

食事療法は、ボディー・コンディション・スコア（右下表）や併発している疾患があるかどうかで決定されます。やせていれば元の体重まで戻すために高カロリーのものを与えますし、肥満であれば糖の吸収をゆっくりにしてくれる療法食を選択します。

糖尿病は、すい臓でインスリンを分泌させる細胞が枯渇しているのが原因とも考えられています。とくにビーグルは食欲がかなりある犬が多いので、肥満に留意して適度な運動を心がけ、ストレスの少ない生活をさせることが予防となります。ただし、遺伝的素因もあって比較的若い時期に発症することもあります。やせていても、異常に水を飲んだり排尿の回数が増え我慢できずに粗相をしてしまうようなら、早めに動物病院で検査を受けることをおすすめします。

ボディー・コンディション・スコア

1 やせすぎ	
2 やせ気味	
3 適正	
4 太り気味	
5 肥満	

その他の病気

**ほかにも、ビーグルによく見られる病気があります。
特徴をチェックしましょう。**

脂漏症

日常的なスキンケアが
重要になります。

「脂漏」とは、体を覆う上皮の角質層のターンオーバーに異常が起きてフケが多くなる状態。症状から「乾性脂漏」、「油性脂漏」、「脂漏性皮膚炎」に分類されます。乾性脂漏とは、部分的もしくは全身にフケが多く見られ、皮膚や被毛が乾燥した状態です。油性脂漏は、脂が多くベタベタとしたフケが皮膚や被毛に付着しています。脂漏性皮膚炎は、油性脂漏の生じた部分に皮膚炎が見られる状態を指します。脂漏性皮膚炎と油性脂漏では、独特の脂漏臭を発します。

さらに原発性（先天的で若齢から発症）と続発性に分けられます。続発性の原因としては、内分泌疾患（甲状腺機能低下症やクッシング症候群）、アレルギー性皮膚炎、栄養学的疾患（バランスの取れていない食事、消化器系疾患による吸収不良など）、環境要因（高温、乾燥あるいは高湿度）、外的刺激（不適切なスキンケア）が挙げられます。ニキビダニ症、皮膚糸状菌症、ツメダニなどの寄生虫やその他の炎症性疾患でも同じような症状が起きるので、詳しい皮膚科の検査が必要になるでしょう。

診断と治療

発症原因によって治療法は異なります。続発性の場合は、まず原疾患を治療します。感染症を起こしていれば抗菌剤の内服が必要ですが、耐性菌をなるべく作らないようにするためにも、現在ではしっかりとしたスキンケアを行うことが対処法の主流となっています。

首～肩

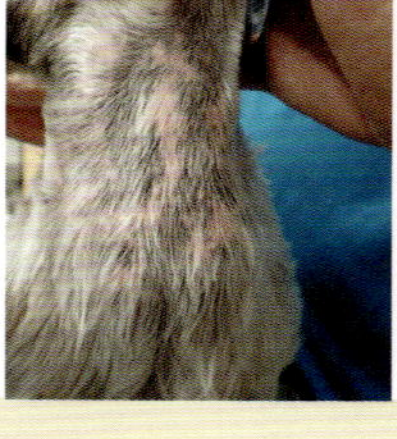

腹部

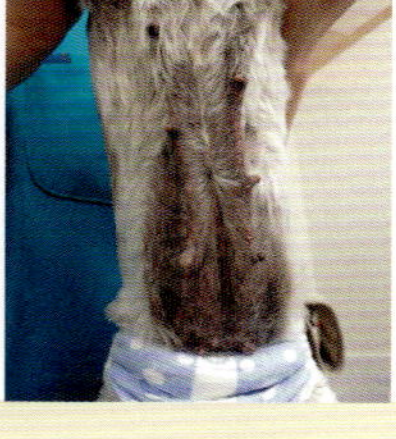

脂漏症皮膚炎の患部（シー・ズー）。皮膚が脂でべたつき、色素沈着も見られます。

写真提供：ALL動物病院

クッシング症候群

慢性疾患で併発症も多く、神経症状を示すこともあります。

体内のコルチゾール（副腎皮質ホルモンの一種）が過剰に分泌されることで引き起こされます。コルチゾール投薬による医原性と、自然に発症する自然発生に分類されます。医原性は通常、ステロイド剤の長期投薬が原因。一方、自然発生性は脳下垂体の腫瘍の場合と副腎の腫瘍の場合があります。

多飲多尿や食欲の増加といった症状が特徴。進行すると被毛が徐々に薄くなり、おなかは垂れ下がってきます。皮膚が徐々に薄くなり、白いプツプツとした塊（石灰化）や、黒い点（コメド）などができます。

診断と治療

医原性は、服用しているステロイドをコントロールして量を減らしていきます。自然発生性の治療法は、原因が脳下垂体という刺激ホルモンか、腎臓のそばにある副腎腫瘍かによって大きく異なります。多くは内服薬で治療しますが、副腎腫瘍や脳下垂体腫瘍が大きいようなら外科手術をしなければならないこともあります。

この病気で怖いのは、神経徴候、糖尿病、ステロイド肝障害、高血圧、泌尿器の感染、すい炎、血栓症などを併発する危険性があることで、これらは症状としてなかなか出てきません。発症後は、定期的な診察と自宅での観察が非常に大切です。

慢性疾患なので、急に悪化するというより持続的に長く付き合っていくことになります。排泄の様子に気を配ること、過食による肥満を避けること、皮膚を清潔にしてあげることなど日々のケアを大事にしましょう。

多飲
多尿
飲水量や
排尿の頻度を
チェックし、
多飲多尿の症状に
早めに気付けるよう
にしましょう

白内障

シニア期に起こりやすい
目の病気です。

目の一部でレンズの役割をしている水晶体と、水晶体を包む水晶体嚢がさまざまな原因で濁る病気です。加齢によって水晶体が硬くなり、水晶体が白く見える核硬化症と似ていますが、まったく異なります。必ずしも目が白い＝白内障（失明）ではないので注意してください。

　原因としては、加齢、遺伝的素因、内科的疾患（糖尿病が主体）、外傷などが挙げられます。発病年齢によって先天性白内障（先天性の異常）、若年性白内障（幼弱動物に発症）、老年性白内障（老齢で発症）に分類され、初発白内障→未熟白内障→成熟白内障→過熟白内障と進行していきます。

　水晶体の濁りが始まると比較的進行が早く、光が網膜に入らなくなると神経の劣化や萎縮が起こり、手術をしても視力が回復できない状態になります。また成熟以上に進行すると、水晶体から硝子体へたんぱくが漏れ、ブドウ膜炎を併発して痛みも出てしまいます。変化に気付いたら早めに眼科診察を受けることをおすすめします。

診断と治療

　正しい診断を行うには、瞳孔を開く点眼をして詳細な眼科検査をする必要がありますが、早めに発見できれば回復の可能性も高くなります。原因（糖尿病による場合など）に応じて、内科治療（服薬など）や外科手術を行います。予防法はとくにありませんが、シニアになったら目をよく観察し、早期発見を心がけてください。

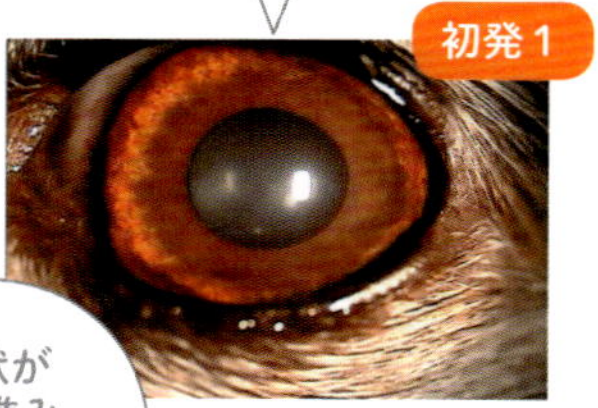
水晶体に少し濁りが見られます。この状態で眼科の専門医に見てもらえば、手術で失明を避けられることがあります
初発１

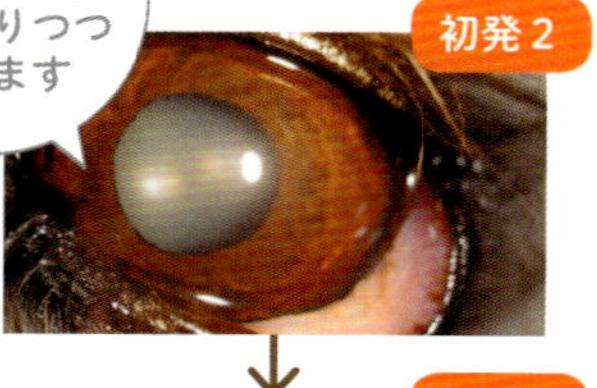
病状が少し進み、白くなりつつあります
初発２

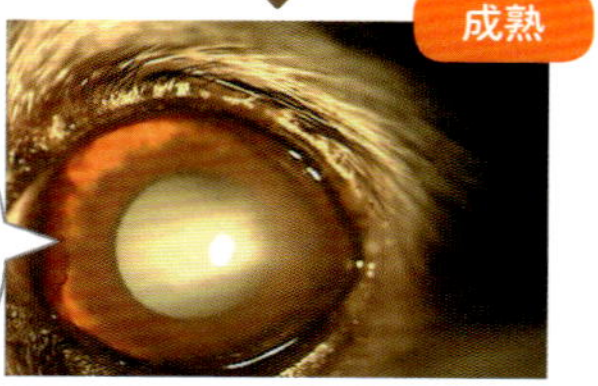
成熟
さらに水晶体が白くなっています。こうなると、あまり見えていないと思われます

写真提供：ALL動物病院

チェリーアイ

痛みはないものの、見えにくさや見た目に影響が出ます。

第三眼瞼（瞬膜）にある涙を作る部分が腫れて、目の内側からはみ出して元に戻らなくなる病気。サクランボのように赤く丸く膨らむので「チェリーアイ」と呼ばれます。涙が多くなることがありますが、痛みもないので犬はあまり気にしないようです。早期であれば消炎剤などを使うことで落ち着きますが、重くなると外科手術が必要になります。予防は難しいですが、結膜炎などを早期に治療してチェリーアイを起こりにくくすることは可能です。

異物摂取（異物摂食）

何でも口に入れてしまうビーグルはとくに注意。

通常の食べもの以外のもの（異物）を口に入れて食道、胃、腸に詰まってしまったり、炎症を起こしたり、中毒となる病気です。異物としては焼き鳥の串、トウモロコシの芯、ボタン電池などから飼い主さんが飲んでいる薬、大きめのオモチャやガムなどがあり、硬めのビスケットなどを慌てて一気に飲み込んでしまって詰まることもあります。気が付いたらすぐに、飲み込んだものと思われる証拠を持って病院に行きましょう。

診断はレントゲンなど画像診断が中心ですが、診断が困難なこともあります。摂取してしまったものにより対処法が異なりますが、吐かせてはいけない場合もあるので、ふだんから口にして危険なものは犬の周りに置かないよう注意しましょう。ただ、犬がいつも口にしているもの（ガムなど）を無理に取り上げると「気付かれたら取り上げられる」と犬が思い、慌てて飲み込むようになります。慌てずに、ゆっくりと対処することを心がけましょう。

ふだん食べているフードやおやつでも、一気に飲み込むと詰まることがあるので油断できません。

ノミ・マダニ・犬フィラリア症

ノミやマダニによる被害や蚊が伝播する寄生虫が原因の病気は、予防が非常に大事です。

ノミのライフサイクル

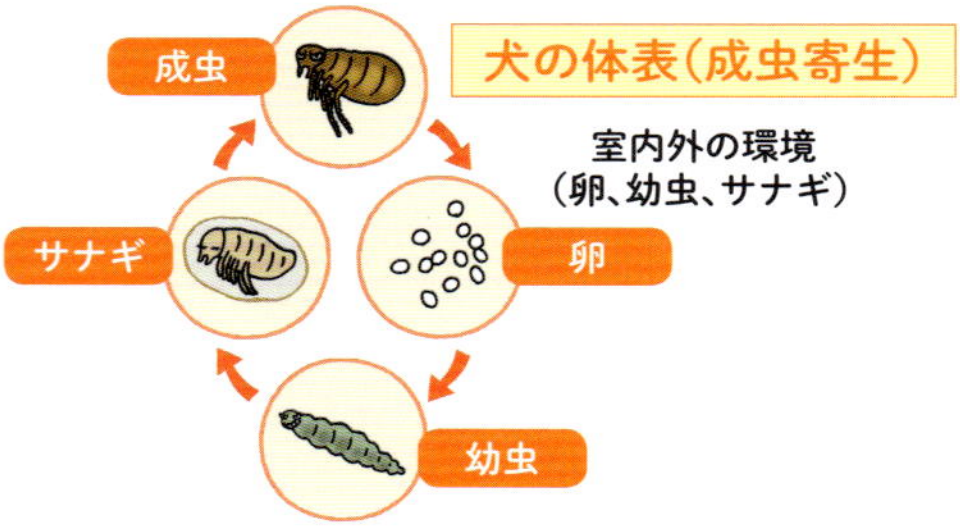

ノミ・マダニ

日本で犬に寄生するノミの多くはネコノミで、成虫（産卵）→卵→幼虫→繭→サナギ→成虫というライフサイクル（上図）です。成虫が犬に直接跳び移るほか、卵や幼虫、サナギに気付かずに屋内に持ち込むとノミの生育に適した室内で発育が行われ、最終的に成虫が犬に寄生します。ノミが病原体を媒介して起こる病気はバルトネラ症（バルトネラ菌が原因の人獣共通感染症）など。効果的な予防法は、動物病院で処方される駆除薬でノミの成虫や幼虫を駆除・予防することです。

◆

マダニは、卵から成虫になるまでに異なる3体の動物（宿主）に寄生し、それぞれの動物で幼ダニ、若ダニ、成ダニの時期を過ごします（3宿主性）。各ステージの虫体は寄生した動物で必ず吸血するので、宿主を変えるごとに病原体がマダニから宿主に移動する可能性があります。マダニが媒介する病気はバベシア症（バベシアと呼ばれる寄生虫が赤血球を破壊し、貧血になる病気）、リケッチア症（細菌の一種リケッチアが原因）、ウイルスによるSFTSなど。ノミと同様に駆虫薬で駆除・予防します。

犬フィラリア症

犬フィラリア症とは蚊が媒介する犬の伝染性の寄生虫病で、命にかかわることもある病気。急性と慢性に大きく分けられます。多数の虫体が心臓に寄生すると太い血管が詰まり、その結果急性の経過をたどり突然死に至ることも。ほとんどの犬はゆっくり進行する慢性経過をたどりますが、重症化すると呼吸困難などの症状が見られます。

動物病院での注射や内服薬（錠剤・チュアブル剤）、犬の体に薬を垂らすスポットタイプなどの動物用医薬品で予防するのが重要。剤型や投与の間隔を相談して、無理なく続けられるものを選びましょう。

暑さ対策

**犬は人より熱中症のリスクが高く、
ビーグルも例外ではありません。**

熱中症予防を万全に

犬は肉球でしか汗をかけず人より体温調節がしづらいため、暑さによる影響を受けやすくなっています。ビーグルは特別暑さに弱い犬種ではありませんが、遊びに夢中になっていて体調不良に気付くのが遅く、重症になるケースもあるので油断は大敵です。

暑さによる健康トラブルで、最も気を付けたいのは熱中症。左表の症状が見られたら犬が体温を調節できなくなっている証拠なので、早めに対応しましょう。

熱中症の症状

軽度

①元気がなくなる
②落ち着きがなくなる
③呼吸が浅く早くなる
④ハアハアと激しく呼吸する（パンティング）
⑤よだれを垂らす
⑥嘔吐・下痢
⑦歯ぐきや口の粘液が白くなる
⑧失禁
⑨けいれん発作
⑩意識を失う

重度

予防のポイント

こまめな水分補給は必須

５分遊ばせたら水飲み休憩を５分取るなど、積極的に水分補給の時間を取りましょう。外出先にもペットボトルや水筒で水を携帯すると安心。

散歩は暑い時間帯を避ける

散歩はなるべく日差しが強くない朝や夜に済ませましょう。日中に外出しなければいけないときは、車やドッグカートを利用するのがおすすめ。

パンティングなどのサインが見られたらすぐ日陰に移動し、犬の全身に水をかけて冷やしましょう（意識がある場合は水分を補給）。その後、速やかに動物病院へ

愛犬をよく観察して

一見元気そうでも、暑さによるストレスを受けていることがあります。おなかや首元をさわって体温や呼吸をこまめにチェックしてください。パンティングの症状が出ていたら要注意。

ビーグルのための栄養学

食事と栄養は健康の基本。
人と犬の違いやビーグルならではのポイントをご紹介します。

犬の栄養学の基礎

犬に必要な栄養は、人はもちろんほかの動物ともちょっと違います。

「6大栄養素」とは

栄養素は「炭水化物、たんぱく質、脂質、ビタミン、ミネラル、水」の6種類。このうちエネルギー源となるのは、炭水化物、たんぱく質、脂質です。炭水化物＝4kcal、たんぱく質＝4kcal、脂質＝9kcal（いずれも1gあたり）のエネルギーを体に供給することができ、3大栄養素と呼ばれています。

3大栄養素はエネルギー源として以外にも「たんぱく質は体を作る」、「脂質はホルモンや胆汁などの材料となり生理作用の維持に役立つ」といった働きがあります。また、炭水化物を構成する糖質と食物繊維のうち、糖質は単純にエネルギー源としての役割のみですが、食物繊維は腸内環境から健康を支える働きを持っています。

ビタミンやミネラルは、3大栄養素が体内でエネルギーに変換されるときや体の調整に必要であり、水は生命維持に欠かすことができません。人や犬の体は、体重の約60％が水で構成されているので、たった10％の脱水が命取りになることがあります。

栄養素と食品の関係

それぞれの食品に含まれる6大栄養素の割合は異なります。そのため、健康状態や活動量に合わせて食材を組み合わせ、目的に適した栄養構成となるように食事をとらなければなりません。これが健康管理に重要であることは、人も犬も同じです。

「●●源」という言葉を聞いたことがありますか？ これは、水以外の栄養素で食品中に最も多く含まれる栄養素のことを示します。たとえば「肉」の70％は水です

6大栄養素の主な働きと供給源

	主な働き	主な含有食品	摂取不足だと？	過剰に摂取すると？
たんぱく質源	体を作る エネルギー源	肉、魚、卵、 乳製品、大豆	免疫力の低下 太りやすい体質	肥満、腎臓・ 肝臓・心臓疾患
脂質源	体を守る エネルギー源	動物脂肪、植物油、 ナッツ類	被毛の劣化 生理機能の低下	肥満、すい臓・ 肝臓疾患
炭水化物源	エネルギー源 腸の健康	米、麦、トウモロコシ、芋、豆、野菜、果物	活力低下	肥満、糖尿病、 尿石症
ビタミン	体の調子を 整える	レバー、野菜、果物	代謝の低下 神経の異常	中毒、下痢
ミネラル	体の調子を 整える	レバー、赤身肉、牛乳、チーズ、海藻類、ナッツ類	骨の異常	中毒、尿石症、 心臓・腎臓疾患、 骨の異常
水	生命維持		食欲不振 脱水	消化不良、軟便、 下痢

が、次に多く含まれる栄養素はたんぱく質。つまり肉は「たんぱく質源」の食品で、魚や卵、乳製品、大豆も同じです。脂肪源には、肉の脂肪や植物油以外に種子類やナッツがあります。米、麦、芋類、果物や野菜はどれも炭水化物源ですが、果物や野菜は糖質よりも繊維源あるいはビタミン、ミネラル源として食事全体の栄養バランスを整えます。

犬には犬の栄養バランス

この6大栄養素が、どのようなバランスでどれだけ必要かは種族によって異なります。犬には犬に必要な栄養バランスがあるのです。人間が雑食動物なのに対して犬は肉食動物（実際は雑食寄りの肉食動物）で、それを「食性」と呼びます。

犬の消化器官は犬の食性に対応できるようにできているため、食事中の栄養構成がそれに適していない場合は、せっかく食べても効率よく栄養とエネルギーになりません。加えて、3大栄養素の割合により、ビタミンやミネラルの必要量も異なります。食事中の栄養素は、そのバランスと消化吸収率が体に適していることが重要。ですから、健康管理のためには「犬には犬に適した食事」が必要なのです。

フード選びのポイント

愛犬に適したフードを選ぶには、まずラベルをチェックしましょう。

パッケージの表面や裏面、マチ部分に記載されている情報をチェックしましょう。

「総合栄養食」かどうか

形状にかかわらず、「水とそのフードで特定の成長段階や健康を維持することができる」のが「総合栄養食」です。現在市販されているドライフードはすべて総合栄養食ですが、パウチや缶詰などのウエット商品には、総合栄養食ではない商品があります。これらには「一般食」、「副食」などと記載されています。総合栄養食と併用して使用することが目的なので、主食には適していません。

保証分析値

栄養構成は、「保証分析値」、「栄養成分」、「保証成分」などと表示されています。どれも、それぞれの栄養素が原材料中にどのくらいの重さの割合で入っているかを示しています。ここで注目したいのは、粗たんぱく質、粗脂肪、粗繊維、粗灰分、水分の５項目。これらの項目は、健康状態や排便状態と一緒にメモしておくと今後の参考になります。それ以外の成分は、あまり気にしなくても大丈夫です。

代謝エネルギー（ME）

摂取エネルギーから便や尿中に排泄されるエネルギーを差し引いて、実際に体内で利用できるエネルギーを示したものです。一般的には「○○kcal／１００g」と表示されています。成長期用ドライフードであれば４００kcal前後、維持期ドライ用であれば３５０kcal～４００kcalが、高品質な総合栄養食の目安です。

ライフステージなど

ライフステージ（年齢別）は、成長期、維持期、高齢期の３つに大別されます。また、ライフスタイルは環境や活動量を示しています。フードの栄養構成は、これらの目的に合わせて配合されているのです。

ペットフードの代表的な原材料

栄養素		使用原材料の例
たんぱく質源		牛肉、ラム肉、鶏肉、七面鳥、魚、肝臓、肉副産物（肺、脾臓、腎臓）、乾燥酵母、チキンミール、チキンレバーミール、鶏副産物粉、コーングルテンミール、乾燥卵、フィッシュミール、ラム肉、ラムミール、肉副産物粉、家禽類ミール、大豆、大豆ミール　など
脂質源	動物性脂肪	鶏脂、牛脂、家禽類脂肪、魚油　など
	植物性脂肪	大豆油、ひまわり油、コーン油、亜麻仁油、植物油　など
炭水化物源		米粉、玄米、トウモロコシ、発酵用米、大麦、グレインソルガム、ポテト、タピオカ、小麦粉　など
食物繊維源		ビートパルプ、セルロース、おから、ピーナッツ殻、ふすま、ぬか、大豆繊維　など

与える量

一般的にフードラベルに示されている給与量は、健康で運動量が中程度の犬を基準として算出されています。そのため、その基準より運動量が少なければ太ることや残すことにつながり、逆に活動量がもっと多ければやせることや空腹を感じることになります。体重当たりの給与量を目安とし、体重が増えたら減らし、減ったら増やしてみて、愛犬が適正体重を維持できる量を探しましょう。この量はフードごとに異なるので要注意！　一般的に代謝エネルギー（ＭＥ）が低いと与える量は多くなります。

原材料

ペットフードの原材料表示には、「使用原材料を多い順に記載する」というルールがあります。使用しているすべての材料が記載されているので、ビタミンやミネラル、栄養添加物、食品添加物などが入ると意味不明な印象を受けるものです。

しかし、毎日の健康に直接関係するのは3大栄養素の含有量とそれぞれの使用食材です。そのためラベルにある「保証分析値」で栄養バランスを確認し、原材料表示でどのような材料が使用されているのかをチェックするようにしましょう。

ビーグルならではの“食”

食欲旺盛な犬種だからこそ、
日々の食には
注意してあげましょう。

ビーグルはいつも空腹か

ビーグルの飼い主さんからよく相談されるのが、「何でうちの犬はいつもおなかを空かせているのか」ということです。確かにビーグルは食べるのが大好きで食欲旺盛。たくさん食べてくれるのはうれしいことですが、肥満が心配になりますよね。ビーグルは脂質代謝が弱い犬種なので、肥満は胆泥症や高脂血症の原因になります。さらに肥満状態が継続すると、糖尿病、すい炎、肝臓病、甲状腺機能低下症、心臓病、皮膚病などさまざまな病気の誘因となることがわかっています。

生涯を通した適正体重の管理は、ビーグルの健康管理に必須です。それを支える食生活は、飼い主さんにかかっています。現在の愛犬の食生活に照らし合わせて考え、改善すべき部分がないかチェックしてみましょう！

本当に食べたい？

ビーグルは、その優れた嗅覚と追従本能で猟犬として活躍してきた犬種です。その本能を満たすには、日常生活でもニオイによる刺激や何かを探す行動をさせることが必要なのです。ということは、愛犬が飼い主さんを見つめるのは、「遊ぼう」と誘っている可能性もあります。

しかし、飼い主さんがこれを「食べたい」というサインだと思い込んで食べものを与えると、それもまた犬にとってはうれしいこと。いつの間にか「こうすれば食べものがもらえる」と学習してしまうのです。

つまり、しょっちゅう何か食べたがる習慣は飼い主さん自身がつけてしまったのかもしれず、犬がつねに空腹とは限りません。3回に1回はおやつ、後の2回はゲームやボール遊びなどに変えて一緒に遊ぶなどして、おやつの頻度を減らしてみましょう。

フードの質をチェック

ビーグルはよく食べて太りやすいこともあって、低脂肪のフードを利用してい

る飼い主さんも多いのではないでしょうか。栄養学的にも、（一般的な飼育環境では）ビーグルの成長期以降は低脂肪食を与えたほうが良いと考えられています。総合栄養食では、「体重管理用」、「ライト」、「シニア用」などが低脂肪で構成されたドッグフードに当たります。

　ところが同じ目的で市販されていても、使用されている原材料や配合のバランス、栄養構成が異なるため、そのすべてに同等の成果を求めることはできません。必要なエネルギーを満たす分量を与えているのにつねに空腹感を示す、排便量が異常に多いという状態なら、そのフードは好ましくない低脂肪食と言えるでしょう。一般的な成犬用ドッグフードより脂肪が少なくても、たんぱく質は同じ程度含まれている、または脂肪の代謝をサポートするカルニチンが配合されている、満腹感をサポートする工夫がなされているといった高品質の低脂肪食を選びましょう。

主食を見直そう

「今日はお菓子を食べすぎたから、夕食を減らそう」。こうやって摂取エネルギーのバランスを取ろうとする人はよくいますよね。これと同じ発想で、愛犬におやつをたくさん与える傾向のある飼い主さんは、フードの量を減らすことでエネルギーのバランスが取れていると考えがちです。なぜなら、その調整で愛犬の体重が比較的安定しているからです。

　しかしこのような食生活は、「必要なエネルギー」は取れていても、「必要な栄養」が摂取しきれていません。そのため愛犬は「つねに空腹感がある」、「何となく元気がない」といった様子を示すのです。減らさなければならないのは、「主食」ではなく「おやつ」です。1日に必要なエネルギーのうち90％は主食から、残りの10％以内がおやつになるように食事内容を見直しましょう。

ポテトチキンスープ

〈材料〉約40kcal

じゃがいも（皮むき）……………… 30g
鶏むね肉（生）……………………… 10g
プレーンヨーグルト………………… 10g

作り方

①5ミリ程度の厚さに切ったじゃがいも、細かく刻んだ鶏むね肉、水100ccを小鍋に入れる。じゃがいもがフォークでつぶせるくらいになるまで中火で煮る。

②火を止め、少量の水を加えて粗熱が取れたらプレーンヨーグルトを加える。

空腹をサポートする補助食

サポート おやつレシピ

簡単＆低カロリーで、
ビーグルにぴったりです。

ふわふわサーモンがゆ

〈材料〉約40kcal

卵白 ……………………………………… ½個分
鮭の切り身（皮なし／生）……… 15g
ご飯 ……………………………………… 15g

作り方

①小鍋にご飯と水200ccを加え、中火で半分量になるまで煮る。

②鮭は水洗いし、細かく刻んでから少量の水を加えたフライパンで炒り煮にする。

③❶に卵白を加え、かき混ぜながら火を通す。

④❸を器に移し、粗熱が取れたら❷を加えて全体を混ぜる。

ミートトマト

〈材料〉約30kcal
ミニトマト……………………3個
鶏むね肉……………………10g

作り方

①ミニトマトのへたと一緒に上部を少し切り取り、小さなナイフなどで種を取りのぞく。
②鶏むね肉は包丁でたたいてミンチ状にし、3等分して❶のトマトの中に詰める。
③クッキングシートに❷を並べ、オーブントースターで8分焼く。

良質なたんぱく質や脂肪酸を意識

もっちりひと口かまぼこ

〈材料〉約40kcal
鮭の切り身（皮なし／生）………15g
片栗粉……………………5g
ブロッコリースプラウト
（またはかいわれ大根）………1g

作り方

①鮭は水洗いしてから包丁でたたき、ミンチ状にする。
②細かく刻んだブロッコリースプラウトと片栗粉を❶に合わせて混ぜ、6等分して団子状に丸める。
③フライパンに少量の水を加え、沸騰したところへ❷を並べる。ふたをして中火で3分間蒸し焼きにする。

チーズポテト

〈材料〉約30kcal

じゃがいも（皮むき）……30g
パルメザンチーズ……1g

作り方

①じゃがいもをひと口大に切り分けて、小鍋に入れる。
②❶が隠れる程度の水を加え、すっと串が通るまでゆでる。
③ざるに上げて器に移し、パルメザンチーズを全体にふりかける。

手から与えやすいコミュニケーションおやつ

ヘルシー・ディップ

〈材料〉約25kcal

きゅうり……30g
カッテージチーズ……15g
鶏レバー（生）……5g

＊骨の飾りは分量外です。

作り方

①鶏レバーはゆでて十分に火を通して、みじん切りにする。
②❶とカッテージチーズをよく混ぜて、ペースト状にする。
③きゅうりをスティック状に切り分け、❷を付けながら与える。

中医学と薬膳

**体質改善に役立つとされる薬膳。
ビーグルの食事にも取り入れることができます。**

薬膳の基礎

薬膳に
チャレンジするために
知っておきたい知識です。

中医学の考え方

一年のうちのある時期に、いつも決まって皮膚が赤くただれてしまう愛犬の姿に、ため息をつく飼い主さんも少なくないのでは？ ビーグルは食欲旺盛で元気いっぱいなイメージがありますが、皮膚の不調が出やすい犬種と言えるかもしれません。

中医学では、たとえば「皮膚病に効く食材」とか「下痢を治す食材」といった概念がありません。中医学的な体の仕組みと食材が持つ特性を照らし合わせながら、足りなければ補い（補）、多すぎたりいらないものがあれば取りのぞき（瀉《しゃ》）、乱れていれば整える（調）、それが薬膳なのです。

◆

まずは、体の仕組みを理解しましょう。中医学では、体は「気《き》」と「血《けつ》」と「津液《しんえき》」からできていると考えられています。血と津液は液体ですから、それ自体が自ら動くことはなく、気の働きによって体

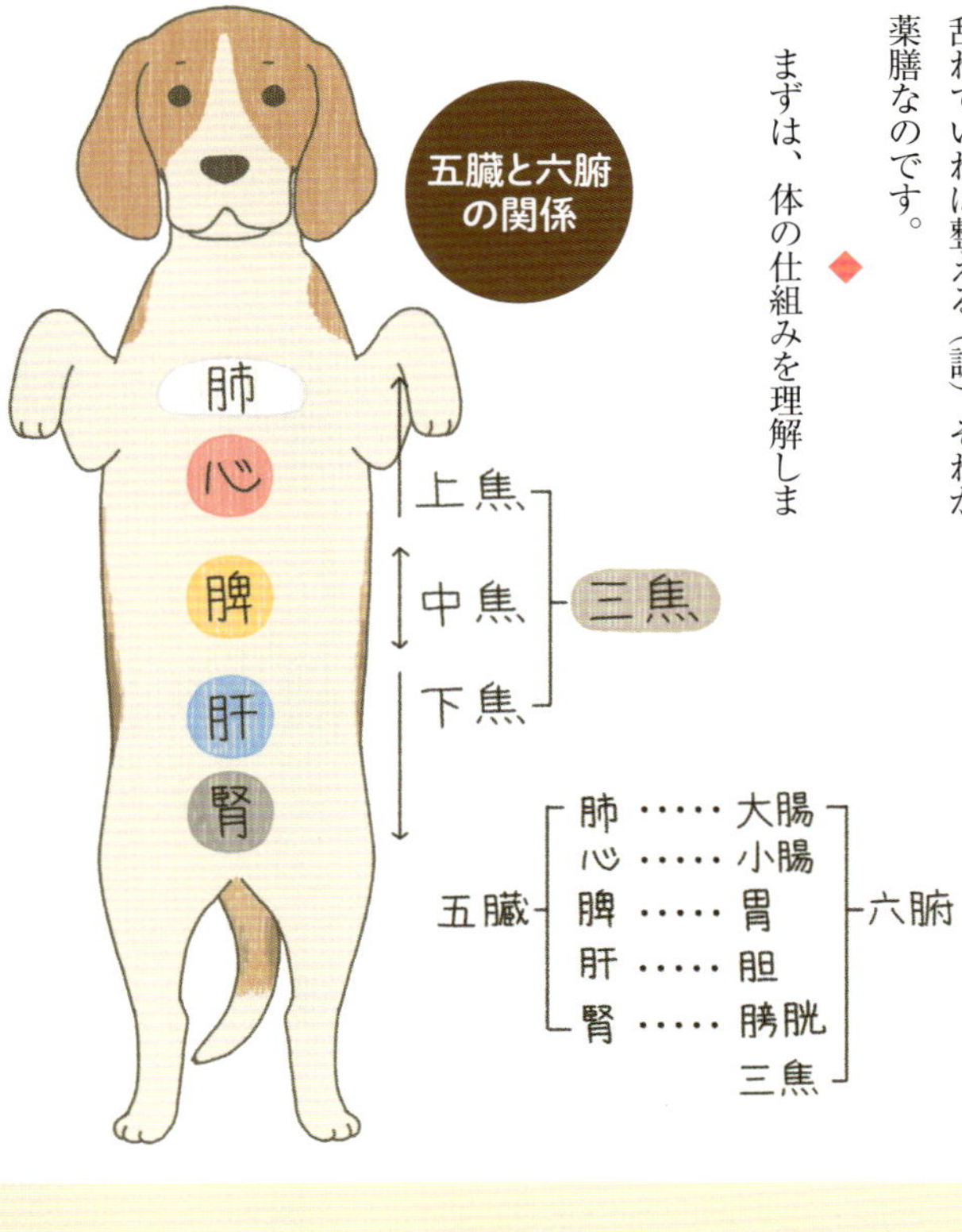

食材の分類

温熱性の食物	平性の食物	寒涼性の食物

鹿肉、牛の胃袋、牛すじ、鶏肉、鶏レバー、豚レバー、いわし、あじ、鮭、さば、かぶ、かぼちゃ　など	牛肉、鴨肉、豚肉、豚の心臓、かつお、さんま、白魚、あおさ、えのき、エリンギ、キャベツ、小松菜、しいたけ、春菊、青梗菜、人参、白菜、ピーマン、ブロッコリー　など	うさぎ肉、牛タン、馬肉、あさり、しじみ、昆布、海苔、ひじき、もずく、わかめ、アスパラガス、きゅうり、ごぼう、しめじ、セロリ、大根、なす、トマト　など

内を巡っています。気は陰と陽に分けられ、そしてその働きをさらに五行（木・火・土・金・水）に分けて考えます。五臓（肝・心・脾・肺・腎）は、肝臓や心臓などの臓器そのものを指すのではなく、それぞれ五行に属して体内でその働きを担っている「臓」のことを言います。臓とは気がたまる場所で、それぞれ対となる腑があります（五臓六腑という言葉がありますが、六腑目は「三焦」です）。

体に何かが起こったとき、あるいはいつも同じ時期に何かが起こるという場合には､気（陰と陽、五臓）・血・津液のいずれかに何が起こっているのかを考えることが、食材選びの重要なポイントとなるのです。

自然界の食物は、動物が食べて体の中に入ったときの性質と働きを持っています（四性五味《しせいごみ》）。四性は体を冷やす性質が寒性／涼性の2段階、体を温める性質が温性／熱性の2段階に分かれています。さらに、体を温めも冷やしもしない「平性」を加えて五性と呼ばれることもあります。体が熱を帯びていれば冷まし、冷えていれば温める。それを外側からでなく食物の性質を利用して内側から行い、最終的に熱もない冷えもない「平」の体を目指すのです。

五味は、酸・苦・甘・辛・鹹《かん》（しょっぱい味）に分けられます。すっぱいレモンは酸味の性質を持ち、辛い唐辛子は辛味の性質を持つなど、口に入れたときに舌で感じる味覚と性質が同じものもあります。しかし、たとえば豚肉は鹹味の性質を持ちますが、味覚として塩味を感じることはありません。このように、五味はその食材が持つ働きを示しているのです。それぞれ

薄荷（ミント）

さわやかな香りで、デザートやドリンクによく添えられるミント。中医学的には生薬でもあります。

の働きは収・降・補・散・軟という文字で表されます。

そしてもうひとつ大切なのは、私たち動物の体は自然界で起こっている事象の影響を受けるということです。雨が降れば体の中には水分が、暑い日には体の中に熱がたまります。体に水がたまっているなら余分な水を出し、熱がとどまっているなら余分な熱を取りのぞく性質の食材を選びます。

先ほど例に出した皮膚炎のように、毎年同じような時期に不調が起こるのであれば、その原因を探してみましょう。気候はそのひとつになるかもしれません。さらに体の表に現れているヒントは、「皮膚」、「赤」、「ただれる」です。皮膚は体の表面で、辛味は肌表（皮膚の表面）を開いて発散させる働きがあります。赤は熱を表し、ただれは乾燥を意味します。

未病の状態でケア

季節的に夏の暑さで体に熱がたまり、潤いがなくなってしまったのであれば熱を冷まし、潤いを与えるようにすればいつもの不調は繰り返さずに済むかもしれません。皮膚は五臓の中では「肺」のグループに属しているので、皮膚を潤すためには肺を潤すものを選ぶのがコツです。

身近なハーブとしても知られるミントは、薄荷《はっか》という生薬でもあります。薄荷は体の表面にとどまっている熱邪を発散させる働きがあります。そのほか肺を潤す食材のひとつとして、りんごがあります。品種によっては8月中旬から旬を迎えるものもあり、今では一年じゅうスーパーで見かける果物です。果物には糖分があるので、犬には過剰に与えないように注意が必要ですが、上手に使用すれば飼い主さんも愛犬も一緒においしくいただくことができます。

◆

「愛犬の栄養については一生懸命なのに、自分の食事はあまり気にしない」という飼い主さんがいらっしゃいます。飼い主さんが元気でなければ愛犬を元気にすることはできませんから、ぜひご自身の健康管理にも薬膳を役立てていただければと思います。

中医学の古い文献の中に「上工治未病」という言葉がありますが、これは「腕の良い医者は未病の段階で治してしまう」という意味です。未病先防、つまりいつも同じ時期に何かが起こるのであれば、それを見越して繰り返さないように上手に食材を選んではいかがでしょうか。

薬膳ごはん

土鍋ひとつでできる、
主食のレシピです。

牛肉のリゾット

パクチー（香菜）は、皮膚を開いて体表の邪気を取りのぞく辛味の食材で清熱作用があります。また、きくらげは血の熱を冷まします。血の巡りを良くして、ビーグルに起こりがちなトラブルを予防しましょう。

※写真ではパクチーをそのままトッピングしていますが、
実際は刻んで混ぜてください。余った分は冷凍保存が可能です。

食材の中医学的解説

牛肉
甘／平（脾胃）

気と血を補い血の巡りを良くし、脾の働きを健やかにします。

うるち米
甘／平（脾胃）

脾胃の気を高め、健やかにします。

にんじん
甘／平（肺脾肝）

脾の働きを健やかに保ち、胃の不調を取りのぞきます。陰と血を補います。

きくらげ
甘／平（胃大腸肝腎）

陰と血を補い血の熱を冷まします。腎の気を補います。

レタス
苦甘／涼（肺肝腎）

体にたまった余分な熱と湿を取りのぞきます。血を補い、巡りを良くします。脾の働きを健やかにする働きがあります。

かぼちゃ
甘／温（脾胃）

気を補い痰（体の中の粘り気のある余分な水液）を取りのぞきます。粘膜保護や血の巡りを良くする働きがあります。

パクチー
辛／温（肺脾）

皮膚を開いて体表の邪気を取りのぞく働きがあります。体の熱を取り、胃にたまった未消化物の消化を促して胃の働きを健やかにします。

memo

タイ料理によく使われるパクチーは、独特の香りで好き嫌いが分かれますが、犬はさほど気にせず食べてくれるようです。βカロテンやビタミンC・E・Kなどが豊富に含まれています。

〈材料〉
作りやすい量
（標準的なビーグルの2〜3回分）
＝全部で約595kcal

牛肉（ももブロック）……200g
うるち米……50g
にんじん……20g
かぼちゃ……20g
レタス……20g
きくらげ（生）……1/2株（15g程度）
パクチー……1株
水……200cc

作り方

①牛ももブロックは脂身を取りのぞき、犬が食べやすい大きさに切る。
②6号の土鍋に研いだお米と水200ccを入れ、30分以上浸水させる。
③にんじんは皮ごとすりおろし、かぼちゃは犬が食べやすい大きさに刻む。
④きくらげ（生）をみじん切りにし、さらに包丁でたたくようにして細かく刻む。
⑤レタスとパクチー（茎部分も）をみじん切りにする。
⑥❷の土鍋に❶、❸、❹を加え、ざっくりとかき混ぜる。
⑦土鍋にふたをして火にかけ、弱〜中火で沸騰させる。
⑧沸騰して湯気が出てきたら、火を最弱にして15分加熱する。
⑨15分経ったら火を止めて、そのまま15分蒸らす。
⑩鍋が温かいうちに❺を加えてよく混ぜる。

焼きりんご

食後のデザートやドライフードのトッピングにおすすめ。すっぱくなりすぎないように、レモンの量はごくわずかにしましょう。果物には糖分があるので、与えすぎには注意してください。

〈材料〉
作りやすい量＝約107cal
（ビーグルの適量／
1食につき2切れまで）

りんご……………………1/2個
レモン汁…………………適量
オリーブオイル……小さじ1
水…………………………50cc
ミントの葉………………適量

作り方

①りんごを縦半分に切り、皮をむいて芯と種を取る。縦に12等分にスライスする（厚さ5ミリ程度）。
②ホットプレート（またはテフロン加工のフライパン）にオリーブオイルを薄く敷き、りんごを焼く。
③りんごが透明になって両面に焼き色が付いたら火を止めて皿に移し、レモン汁をごく少量かける。
④細かく刻んだミントの葉を散らす。

フードのトッピングにもぴったり。細かく刻んで与えましょう。

memo

オリーブオイルの代わりにココナッツオイルを使ってもOK。はちみつやメープルシロップなどをかければ、飼い主さんもおいしくいただけます。

食材の中医学的解説

りんご
酸甘／平（肺脾腎肝）

脾と胃の働きを健やかにする働きがあり、のどの渇きを潤して痰を取りのぞきます。津液を生じて肺を潤します。

レモン
甘酸／平（肺胃）

津液を生じてのどの渇きを潤し、痰を取りのぞきます。体にたまった余分な熱を取ります。

オリーブ
甘渋酸／平（肺胃）

肺の働きを良くして津液を生じます。解毒作用があり、痰を取りのぞきます。炎症を鎮め、熱邪を取り去ります。

薄荷（ミント）
辛／涼（肝肺）

肺の防御機能を高めて、体の表面にとどまっている邪気を取り払います。

ミントの葛もち

ミント（薄荷）と葛は、辛味・涼性で体の熱を冷ましたいときにおすすめの食材。メープルシロップやはちみつなどをかければ、飼い主さん用のおいしいデザートに。

〈材料〉
作りやすい量
＝小さじ2杯で約5cal

ミントの葉……………………10枚
本葛粉……………………大さじ２
水………………………………200cc

作り方

① ミントの葉は細かく刻んでおく。
② 本葛粉に少量ずつ水を加えてとかしたものを鍋に入れ、木べらなどでよくかき混ぜながら中火で加熱する。
③ ❷が透明になってきたら刻んだミントを入れ、かき混ぜながら香りが出るまで加熱する。
④ ❸の粗熱を取り、小さじ2杯ずつ製氷皿などに入れて冷蔵庫で冷やし固める。

フードにトッピングするときは、少し崩して。

食材の中医学的解説

薄荷（ミント）
辛／涼（肝肺）

肺の防御機能を高めて、体の表面にとどまっている邪気を取り払います。

葛粉
甘辛／涼（脾胃）

皮膚を開いて、体表の邪気を取りのぞく働きがあります。

memo

葛はとろみがあり、そのものが持つ温度帯を体内で維持する時間が長い食材です。冷蔵庫で冷やしたものを常温に戻してから与えてください。

ビーグルの栄養にまつわるQ&A

Q とにかく食べるのが大好きなので、ついおやつをあげたくなります。あげるときの注意点は？

A おやつを与える場合の基本ルールは、「愛犬が1日に必要なエネルギー量の1割以内に抑えること」。たとえば体重8kgのビーグルの必要エネルギーが1日に400kcalだとします。おやつを与えるなら1日40kcal以内で、360kcalは主食から取れるようにしてください。つまり、1日に食べたもの全部で400kcalになるように調整するのです。フードのラベルの給餌量に加えておやつを与えると、400kcalに40kcalを足しているような結果になり、太らせてしまうことがあるので注意しましょう。

Q 8歳を過ぎて年齢が気になり始めました。食事をシニア用に変えたほうがいい？

A 個体差があるので、一概に「○歳だから……」ということはとくにありません。しかし高齢になると、筋肉量が低下して活動量が減るため、必要なエネルギー量は若いころに比べて1割程度下がります。ただし、単に低カロリーのフードに移行するだけでは×。消化吸収率が高く、成犬時と同じ程度のたんぱく質と中程度の脂肪で構成されたフードを選べば、摂取エネルギーを減らしても十分な栄養を摂ることができるのです。脱水もしやすくなるので、こまめな水分補給を心がけて。

Q 犬は肉食だから、野菜や炭水化物は食べさせなくてもいい？

A 猫が完全肉食なのに対して犬は雑食性がありますが、やはり肉食と言えます。なので、肉だけ与えていればいいと考えがちです。しかし、肉に多く含まれるたんぱく質や脂質を消化するためにも直接的な「エネルギー源」が必要。工場で作業するためには、材料だけを搬入すればよいわけではなく、電源を入れなければ機械が動かないのと同じです。つまり犬の食事にも、たんぱく質や脂質同様に糖質がある程度必要であり、腸内環境を維持して栄養吸収や免疫力のサポートをするために不可欠だと言えるのです。

Q シニアになるにつれ、被毛が退色してきました。何か食事でできることはないですか？

A 犬も人間と同じように、高齢になれば白髪や被毛の劣化が生じます。しかし一方で、栄養不良や病気の可能性もないとは言いきれません。つねに愛犬の健康状態と食事内容を把握するようにしましょう。高齢になればなるほど、消化に良い高品質なペットフードを選ぶことが重要になります。健康な被毛には良質なたんぱく質や脂肪酸が必要とされるので、日常的に魚油のサプリメントを与える、換毛期にはゆでた鮭を少量与えるなどすると、健康な被毛をサポートすることができます。

Part5
お手入れとマッサージ

短毛ながら抜け毛が多いので、日々のお手入れは
欠かせません。ビーグルのお悩みに合った
マッサージも取り入れて、健康維持に役立てましょう

シャンプーとブロー

想像以上に脂っぽいビーグルの皮膚。
健康的に保つために、1か月に1回は洗いましょう。

シャンプー

自宅ではお風呂で
やるのがおすすめ。
皮膚までしっかり洗って、
皮脂を落とします。

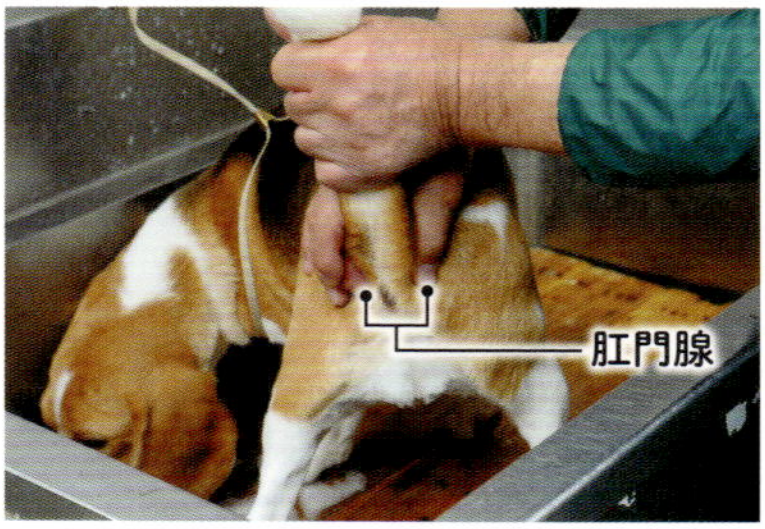

1 最初に肛門腺を絞ります。片手でしっぽを持ち上げ、反対の手の親指と人さし指を肛門の両側斜め下あたりに当てて軽く押し込みます。

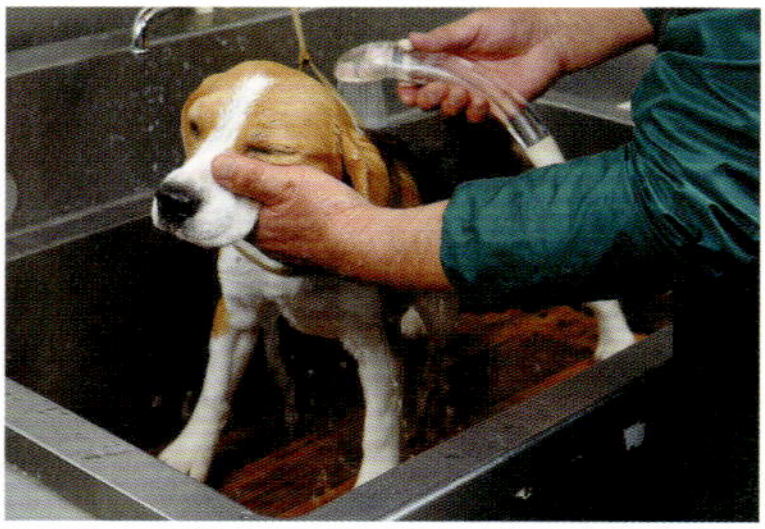

2 シャワーで38℃程度のぬるま湯をかけ、全身を濡らします。皮膚まで十分に水分を行きわたらせましょう。

3 容器にシャンプーとお湯を入れて規定の濃度に薄め、スポンジで泡立てます。

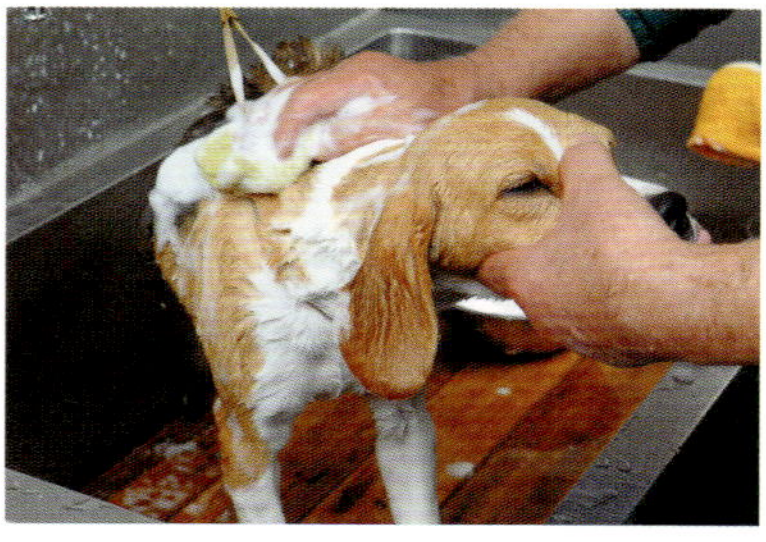

4 スポンジを使って顔以外の全身に泡を付け、ひと通り洗います。

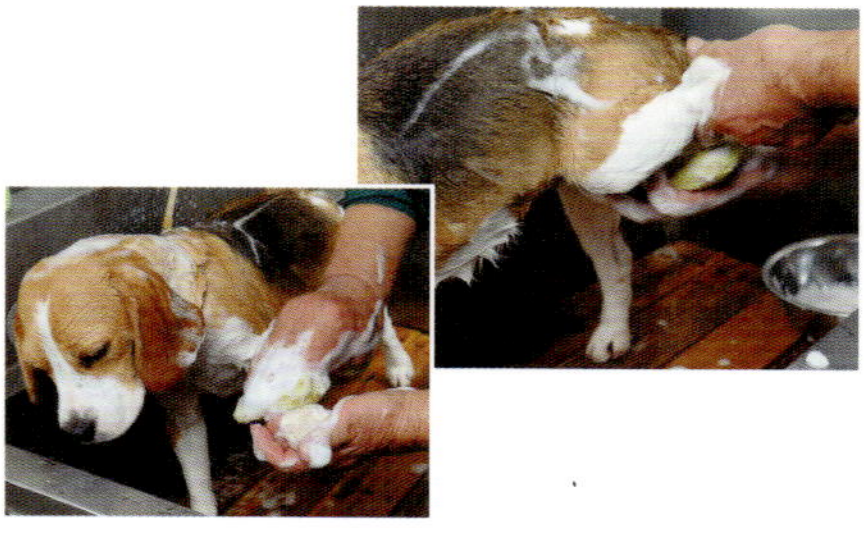

5 前足と後ろ足を洗います。内股は洗い残しやすいので要注意。

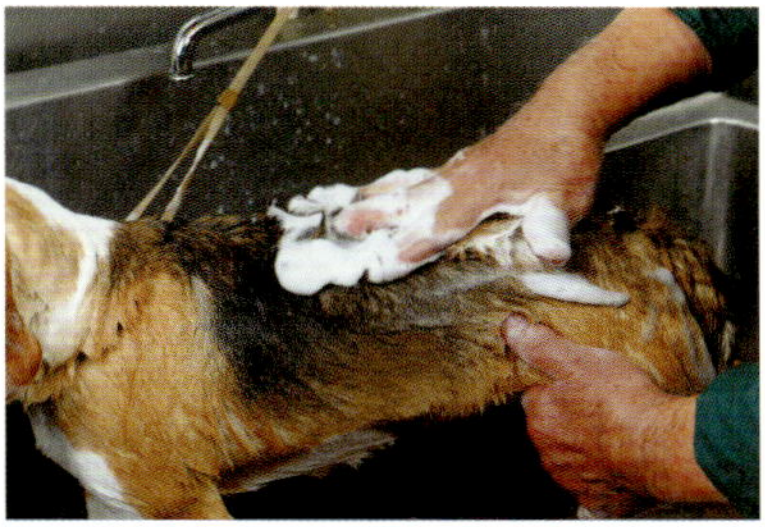

6 続けて、手のひらでもう一度全身を洗います。皮膚をもむようにしてしっかりと。

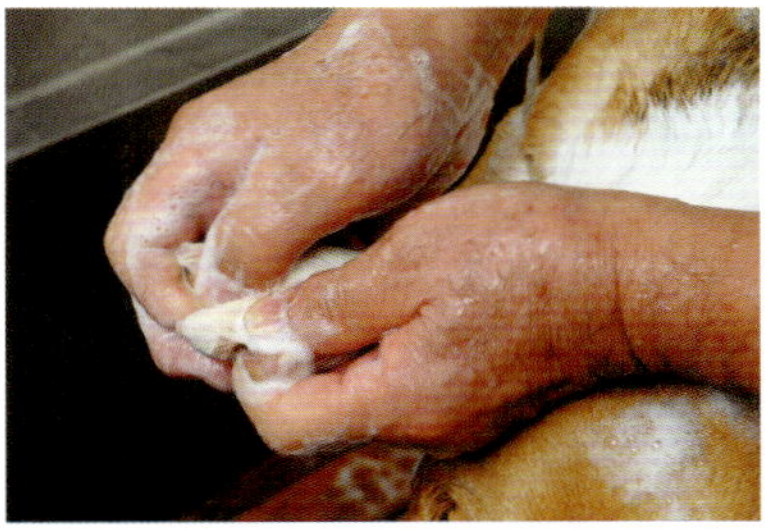

7 足指のあいだはとくに脂っぽいので念入りに。両手で開かせて、親指の腹でこすり洗いします。

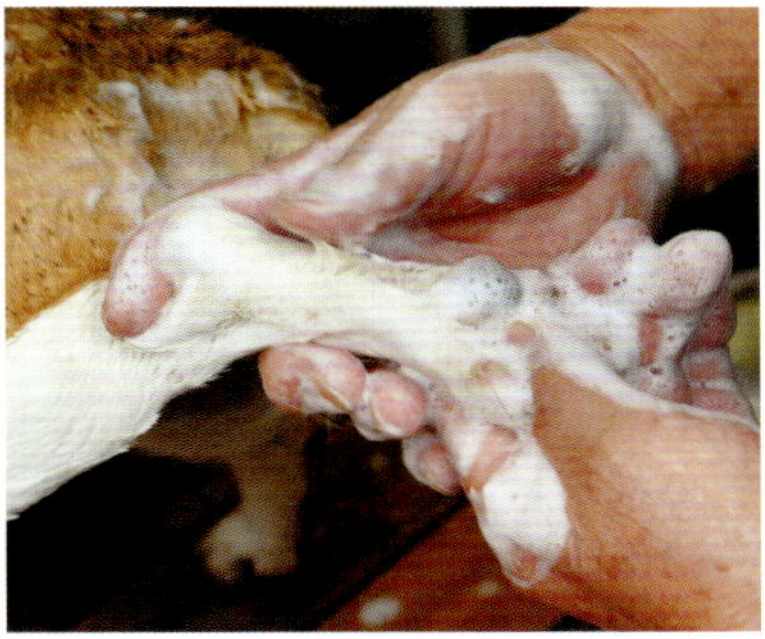

8 かかと～足裏は汚れやすいので、親指の腹でこすり洗いします。

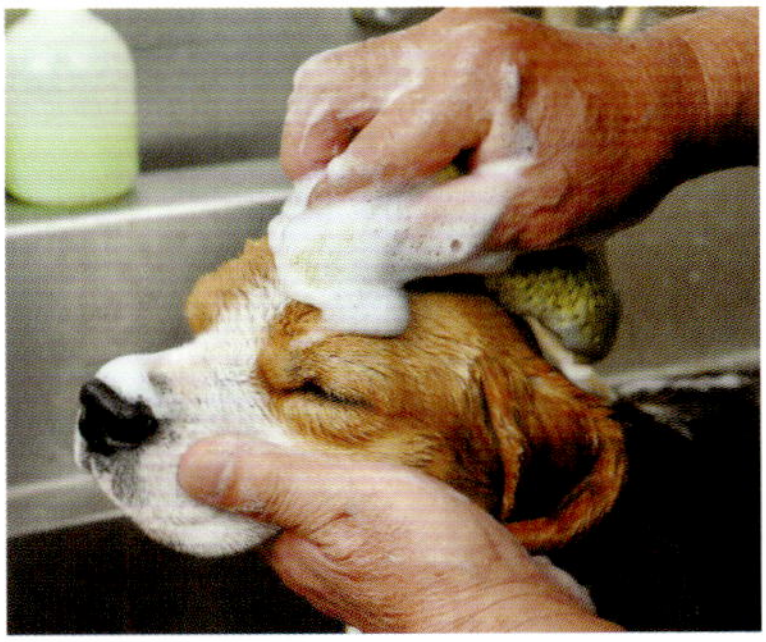

9 最後に顔を洗います。泡を付け、スポンジを軽く滑らせるように頭の上～鼻先、頬を洗います。

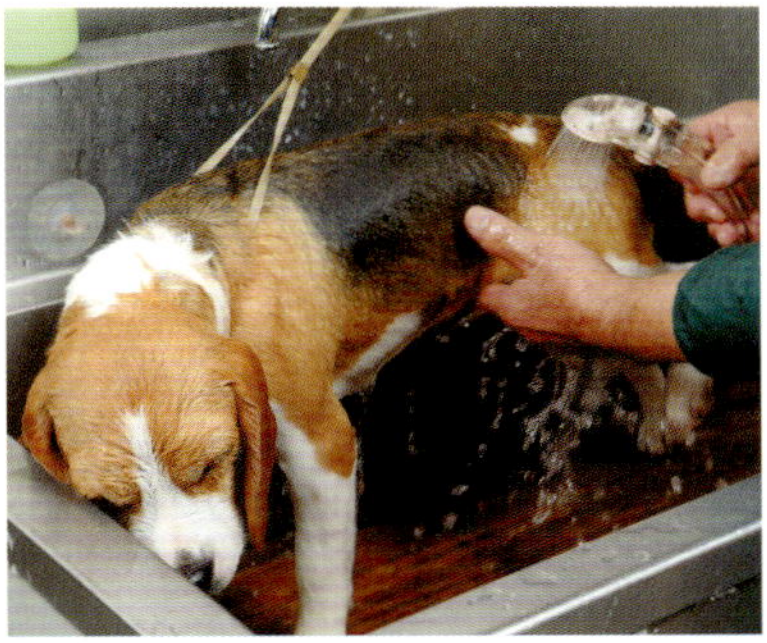

10 全身をお湯ですすぎます。頭から後ろへ、下に向けて流していきましょう。内股やおなかはすすぎ残しやすいので要注意。

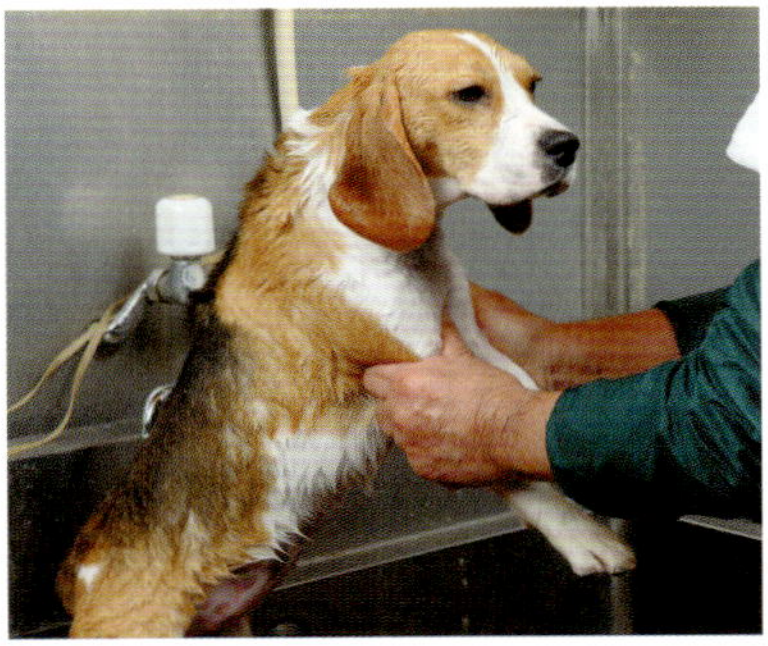

11 タオルでふく前に、ある程度水分を取ります。前足をまとめて持って立たせ、軽く握るようにして絞ります。

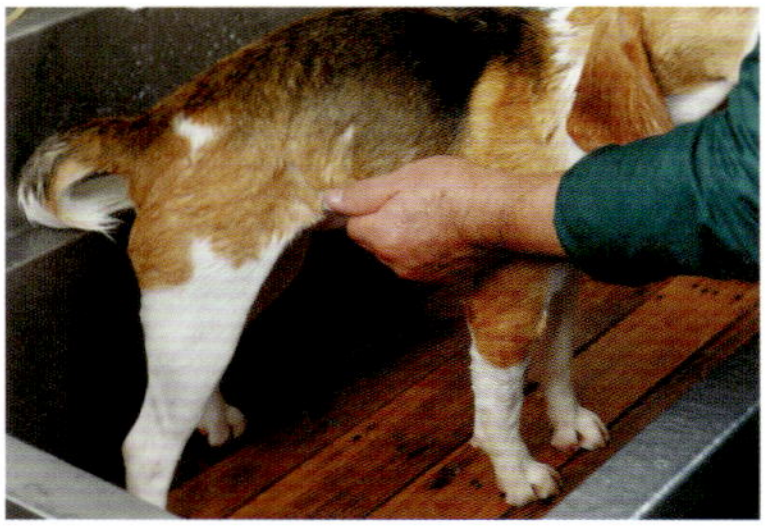

12 おなかの毛を手で包むようにつかみ、ぎゅっと水を絞ります。

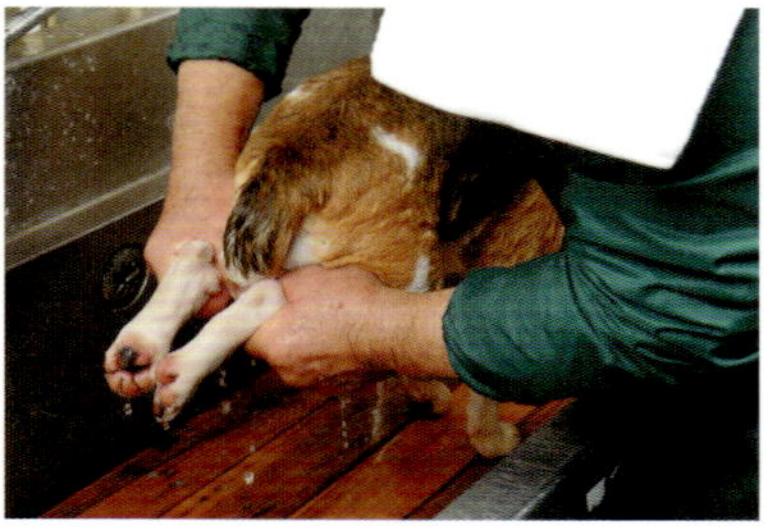

13 後ろ足をまとめて持ち上げ、⑪と同様に水を絞ります。

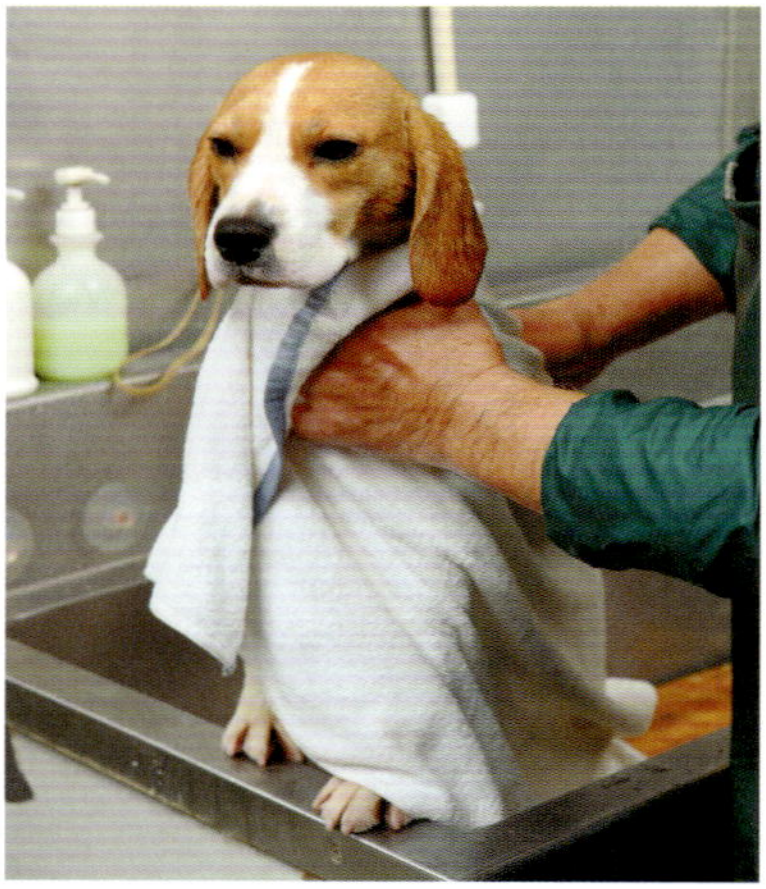

14 全身をタオルで包み、残った水分をできるだけふき取ります。

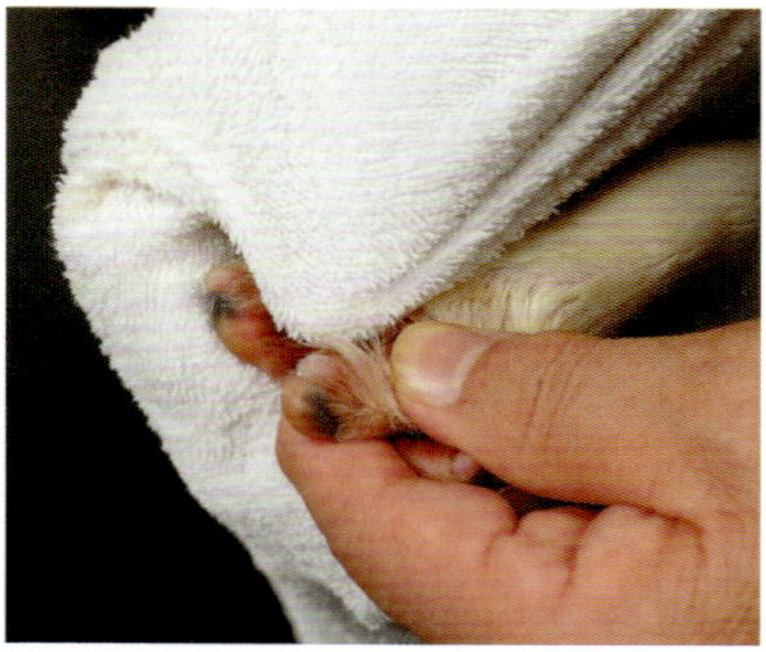

15 足指のあいだは水分が残りやすいので、⑦と同様に開かせてしっかりふき取ります。

ブロー（乾かし）

水分が残りやすいところを
さっとドライヤーで乾かし、
あとは風通しの良い場所で
自然乾燥させます。

スリッカーブラシ

使う道具

ゴム製の土台に金属のピンが付いたブラシ。抜け毛を取りのぞくのに適している。

1 ボディを乾かします。ドライヤーを当てながら、毛流に逆らってスリッカーブラシでとかします。

持ち方

えんぴつのように持ち、ピンを犬の体に当てて、腕ごと動かします。

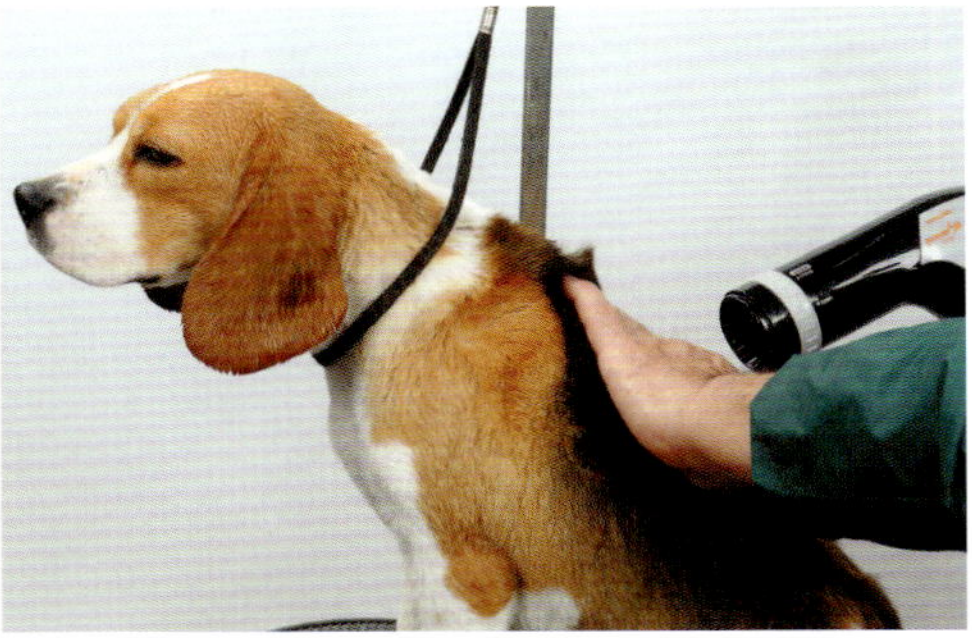

2 ときどき手で毛の根元に余分な水分が残っていないかチェック。

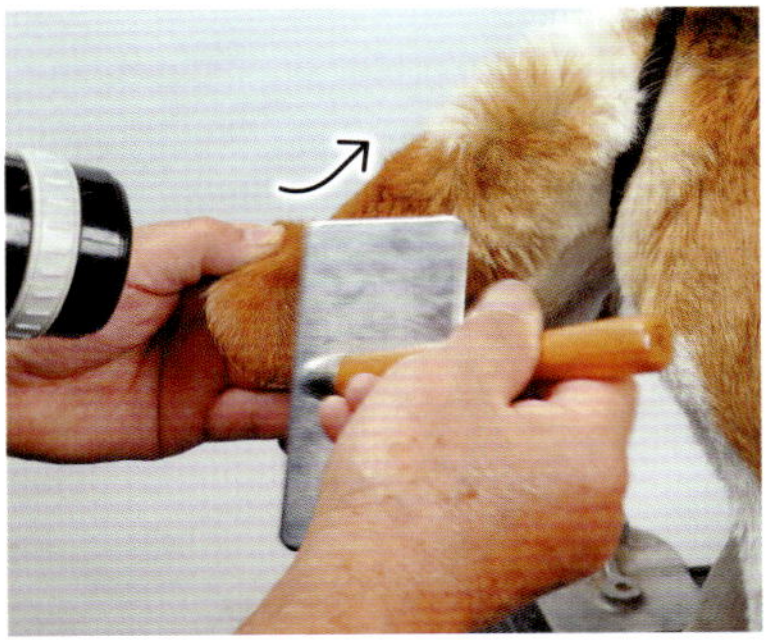

3 耳を持ち上げ、表側は毛流に逆らってスリッカーブラシでとかしながら風を当てます。

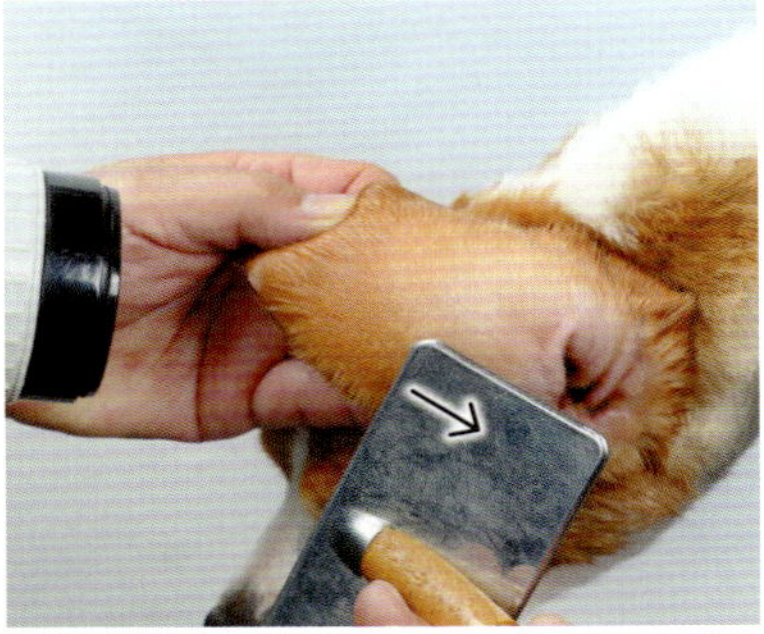

4 ③と同様、耳の裏側も毛流に逆らってスリッカーブラシでとかしながら風を当てます。

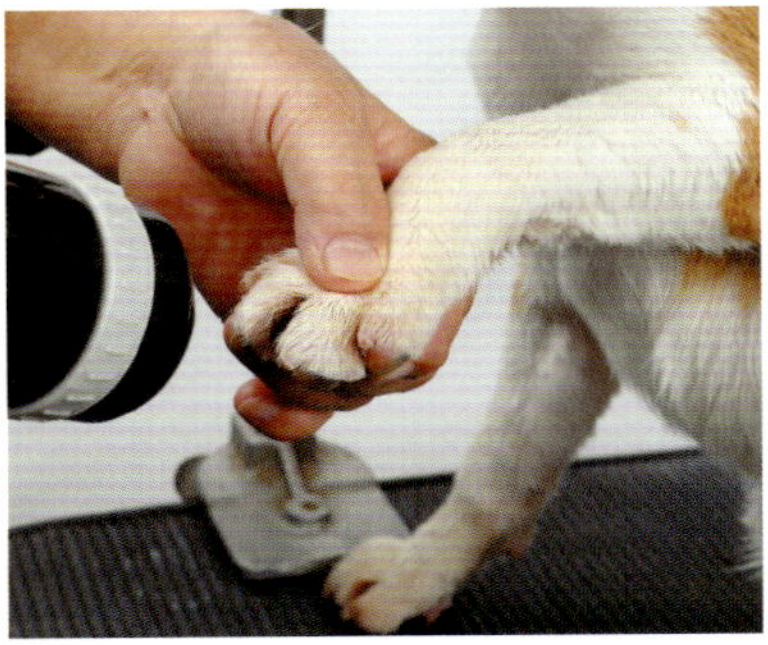

5 足指のあいだを開き、風を当てて完全に乾かします。最後に全身を毛流に沿って軽くとかしましょう。

その他のボディケア

耳や口周りの汚れ、伸びた爪が
健康トラブルやケガの原因になることも。
定期的なケアを心がけましょう。

耳掃除

垂れ耳はムレやすいので、
こまめなチェックが
おすすめです。

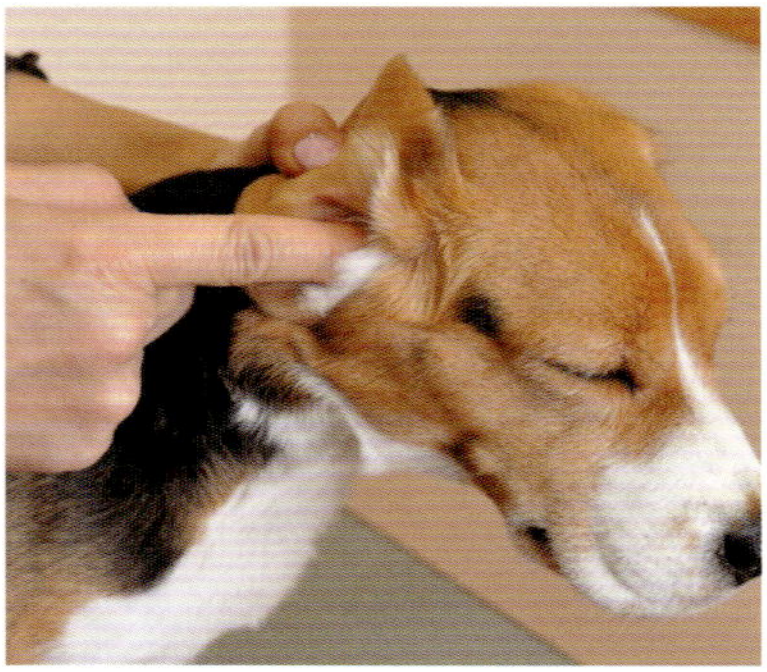

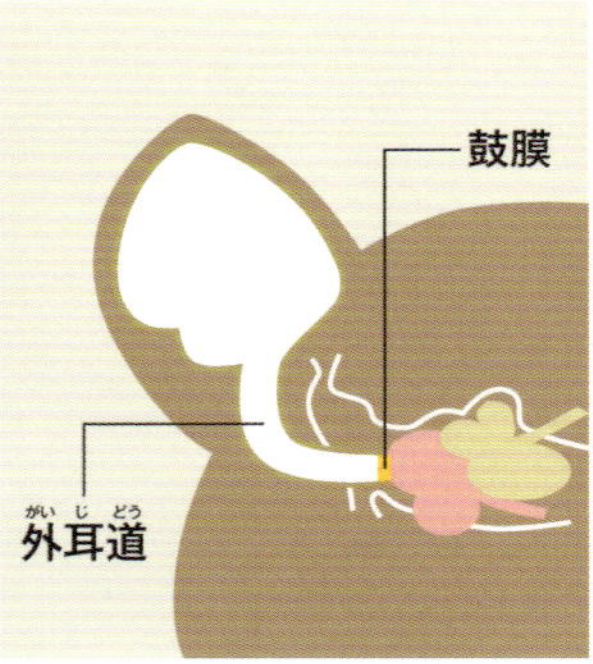

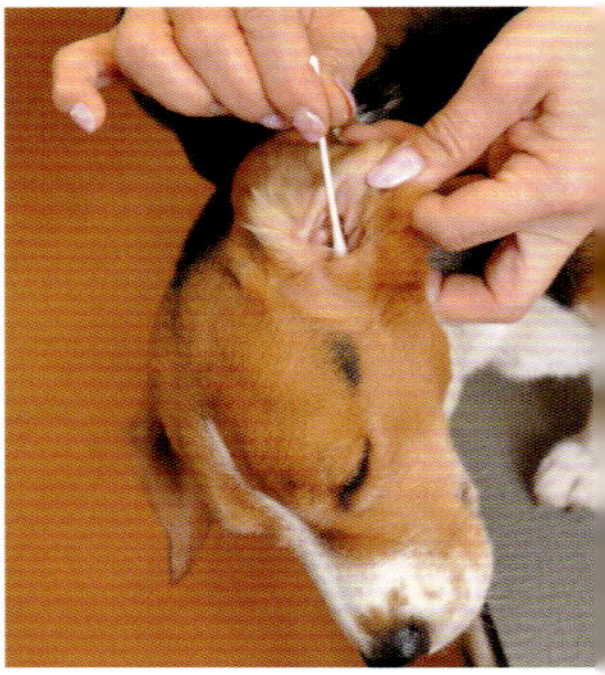

1 イヤーローションを綿棒に付けて犬の耳に入れ、中の汚れをふき取ります。犬の外耳道（耳の穴～鼓膜までの器官）は内側に曲がっているので、綿棒をまっすぐ入れても鼓膜を傷付けません。

2 慣れないうちは、イヤーローションを染み込ませたガーゼや脱脂綿を指に巻いて汚れをふき取りましょう。

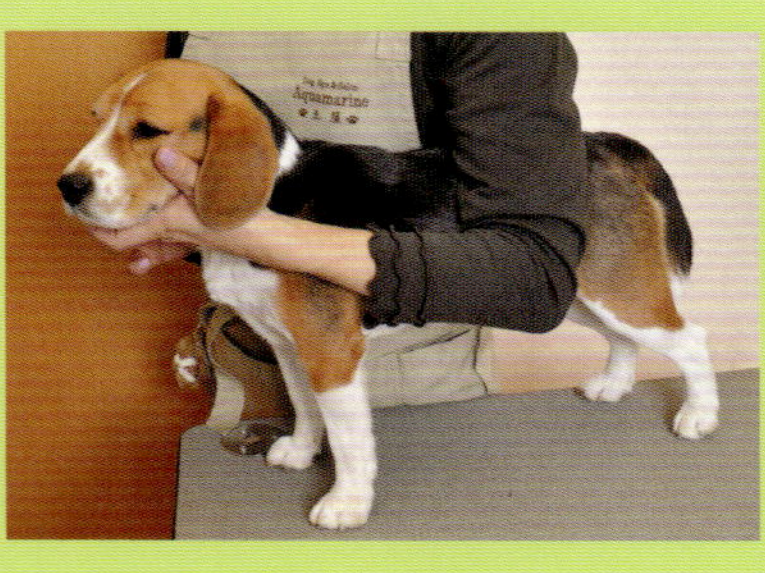

保定のしかた

テーブルなど台の上に犬を乗せ、飼い主さんの体と密着させるように肘で押さえます。その手であごを持って、顔を動かないように固定します。

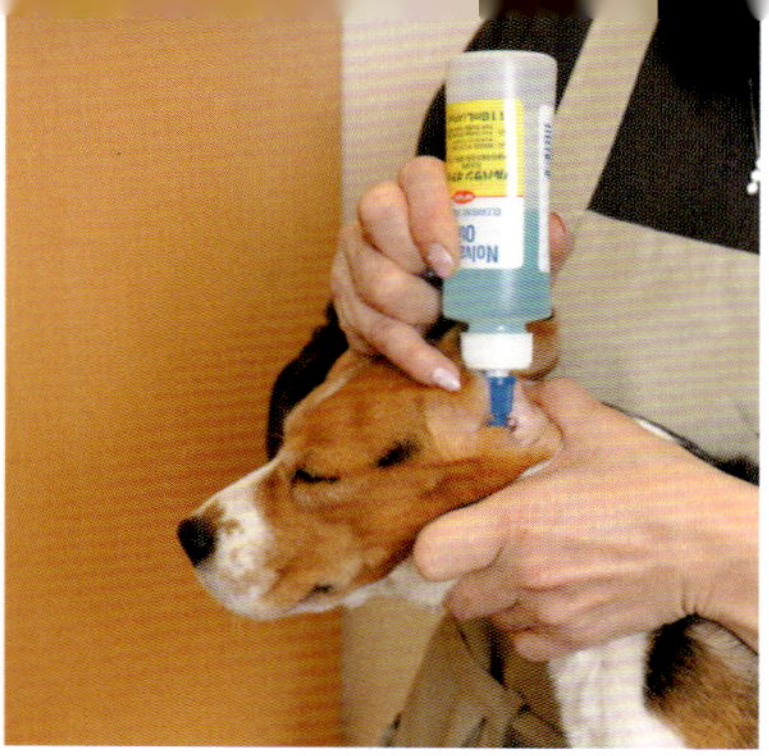

3 外耳炎などで耳に炎症を起こしているときは、イヤーローションを直接耳の中に垂らすと、粘膜を刺激せずにきれいにできます。

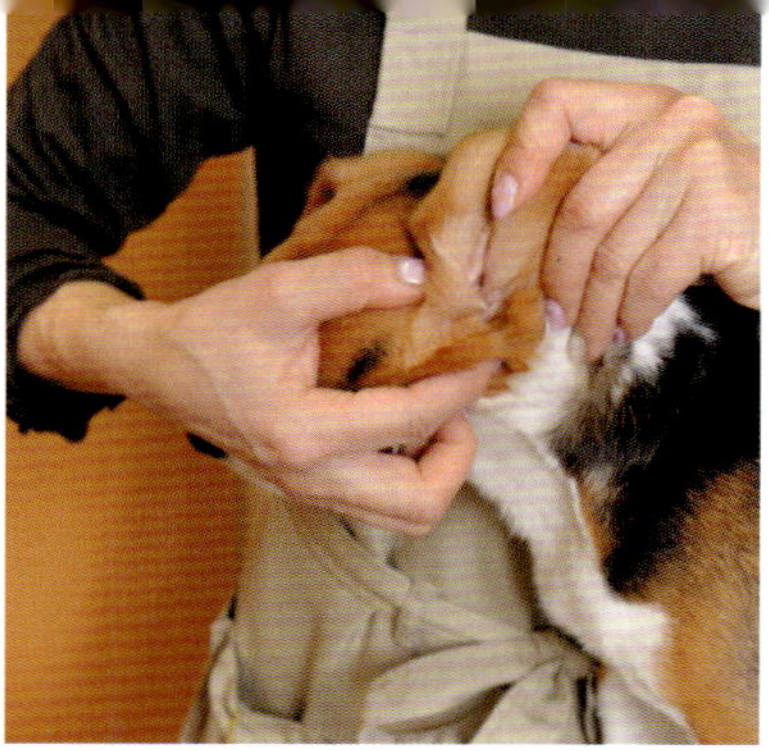

4 耳の付け根をもんで、出てくる汚れた水をふき取りましょう。

※耳に異常がある場合はまず動物病院を受診し、アドバイスに従ってケアしてください。

口周りのケア

歯周病予防に欠かせないのが、
毎日の歯みがき。
嫌がる場合は
少しずつ慣らしましょう。

使う道具

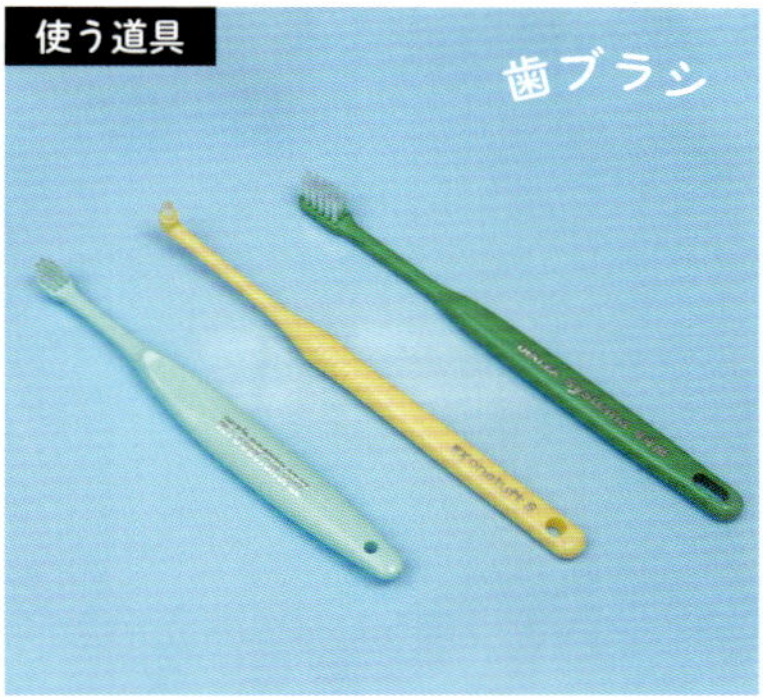

ヘッドの形状やサイズ、ブラシの硬さなどさまざまな種類があるので、愛犬に合ったものを選びましょう。

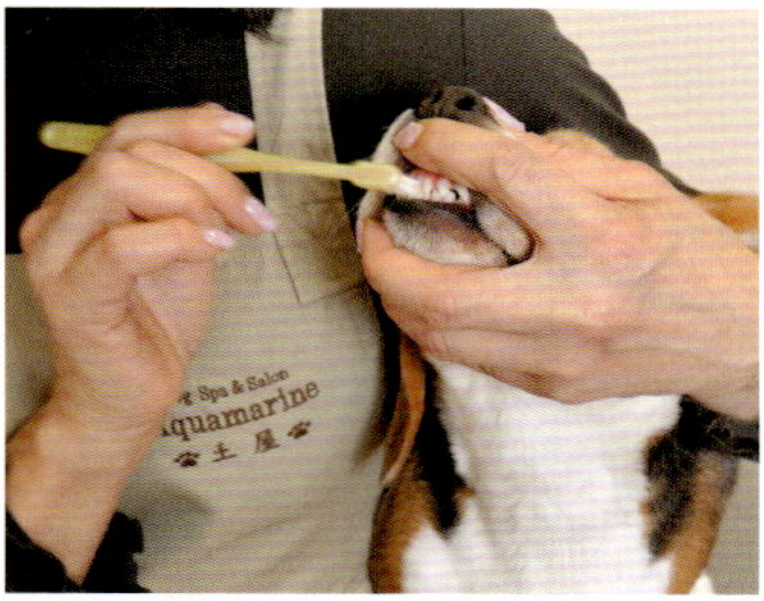

1 保定した上で、あごの下を持って歯をみがきます。犬が嫌がるときはマズルを固定し、指で唇をめくってみがきましょう。

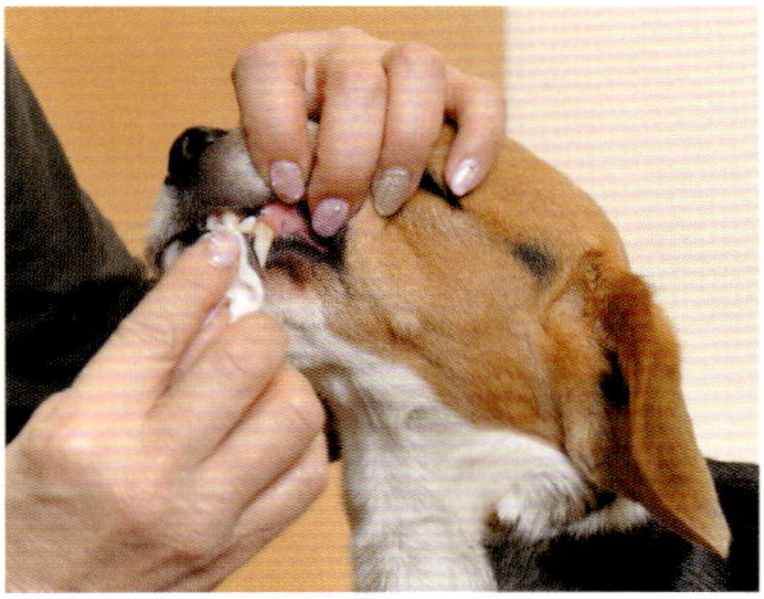

2 唇の周りには食べカスが付いていることも多いもの。気付いたときに唇をめくって濡れタオルなどでふくようにすれば、汚れやニオイの防止に。

爪切り

長すぎる爪はケガの原因に。
ときどきチェックして
切ってあげましょう。

使う道具

爪切り（ペンチタイプ）

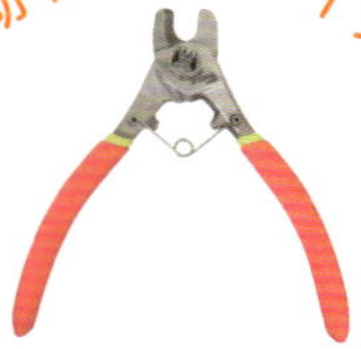

刃で爪を挟み込んで切る。

爪切り（ギロチンタイプ）

今回はこれを使用

爪を輪に通し、鋭い刃でスパッと切る。

ヤスリ

切り口の角をこすって丸くする。

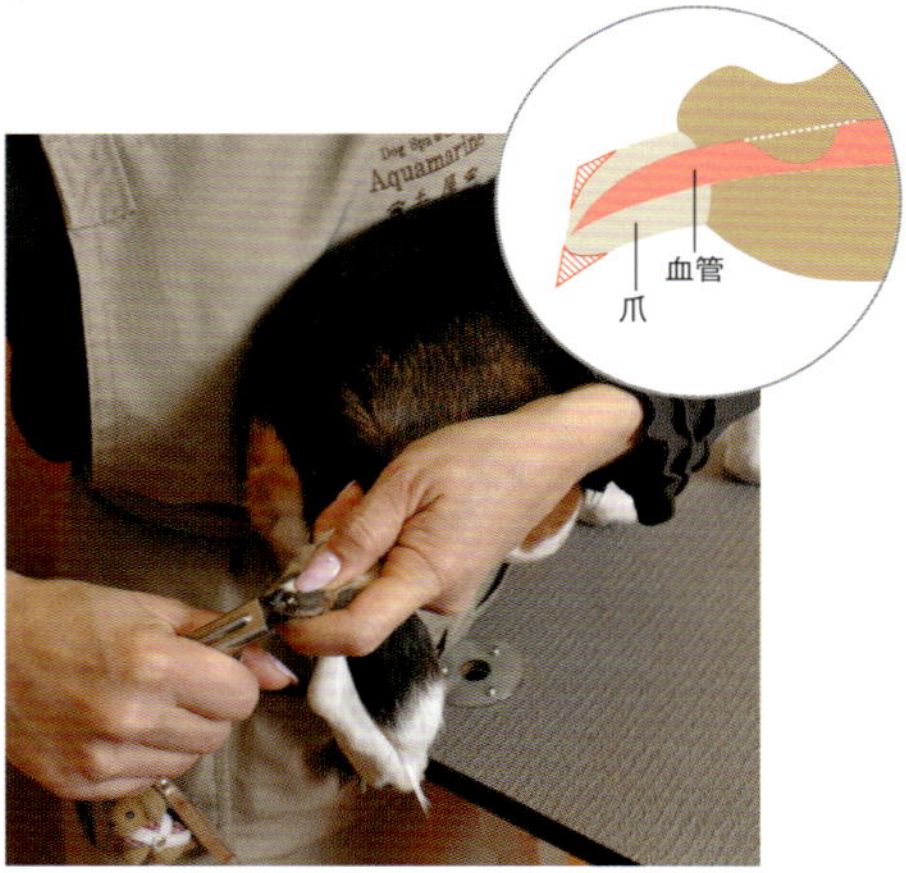

1 まず、足裏のいちばん大きな肉球を外側へ押し出すようにして爪を出します。爪の中央の先を切り、その両端の角を落とします。

2 台の上を嫌がるなら、飼い主さんの膝の上でも可。切った爪の角は、ヤスリでなめらかになるよう削ります。

保定のしかた

前足

両腕で犬の首とお尻を押さえます。

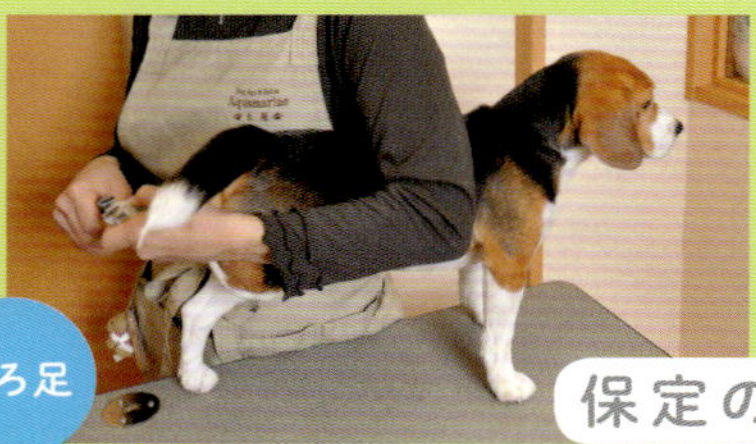

後ろ足

犬と反対を向き、腕を回して肘で犬の体を押さえます。飼い主さんの体に密着させて、足をまっすぐ後ろに持ち上げます。

アンダーコートの処理

不要な毛を取りのぞくと、
通気性が良くなって
快適です。

使う道具

トリミング・ナイフ(粗目)

毛に対してより深く刃が入る。

トリミング・ナイフ(細目)

皮膚が薄い耳や足などに使う。

グルーミング・ストーン

主に顔周りに使う軽石。
軽くこすって使う。

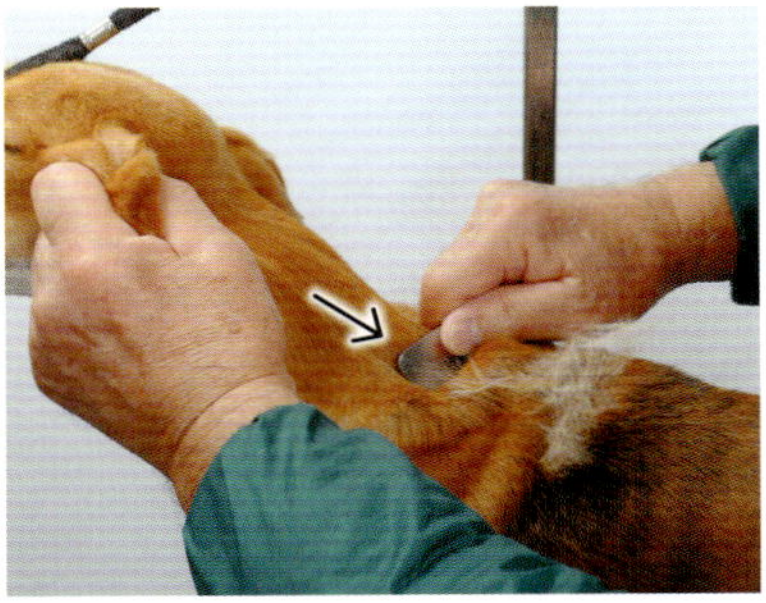

1 粗目のナイフでアンダーコートを抜きます。ナイフで全身をとかすイメージで、毛の流れに沿って一定方向に動かしましょう。

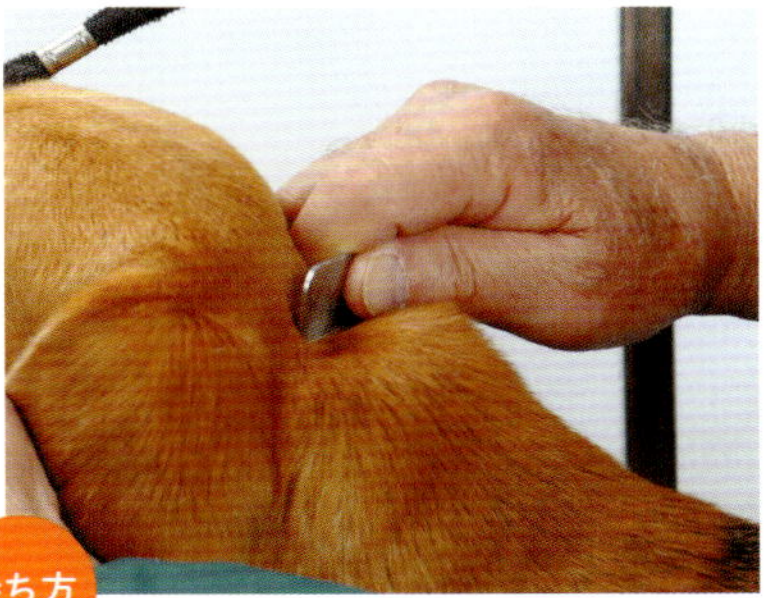

持ち方

親指以外の４本の指で柄を軽く握って刃の根元近くに親指の腹を添え、皮膚に対して約45度で当てます。

トリミング・ナイフって?

不要な毛(アンダーコート)を抜き取るための道具。片側のギザギザした刃を毛に引っかけて抜きます。

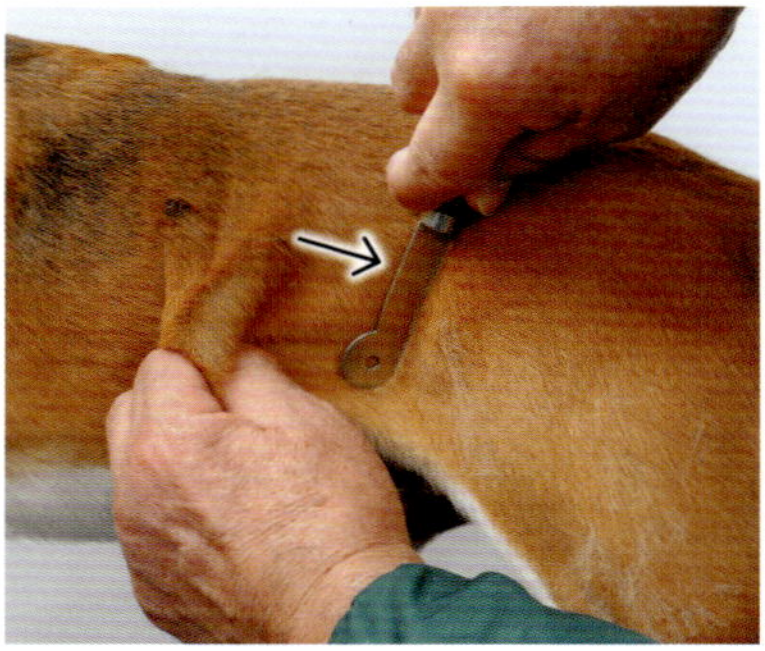

2　細目のナイフで腰〜太ももあたりのアンダーコートを抜きます。逆の手でしっかり皮膚を張ると、皮膚を傷付けにくくなります。

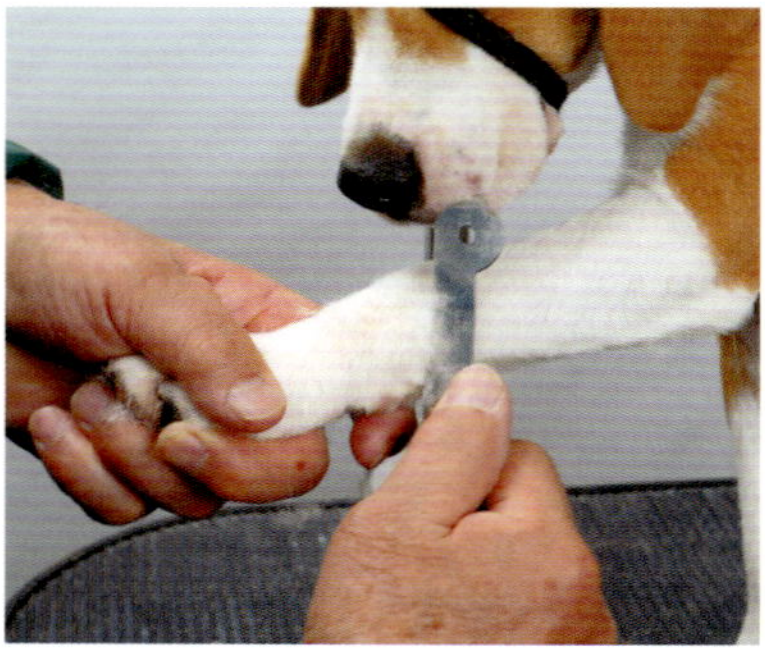

3　足を持ち上げ、細目のナイフでアンダーコートを抜きます。皮膚が薄いので、傷付けないようナイフは少しずつ動かしましょう。

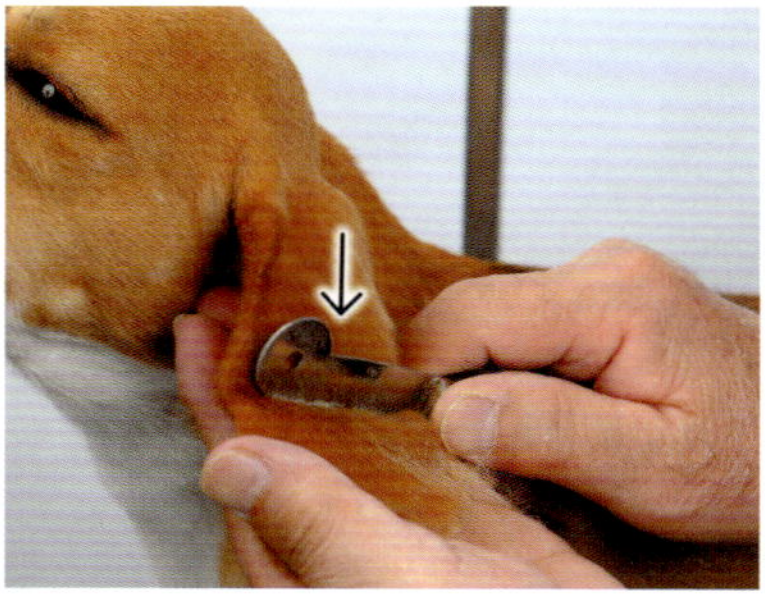

4　手のひらで耳を下から支え、細目のナイフで表側のアンダーコートを抜きます。

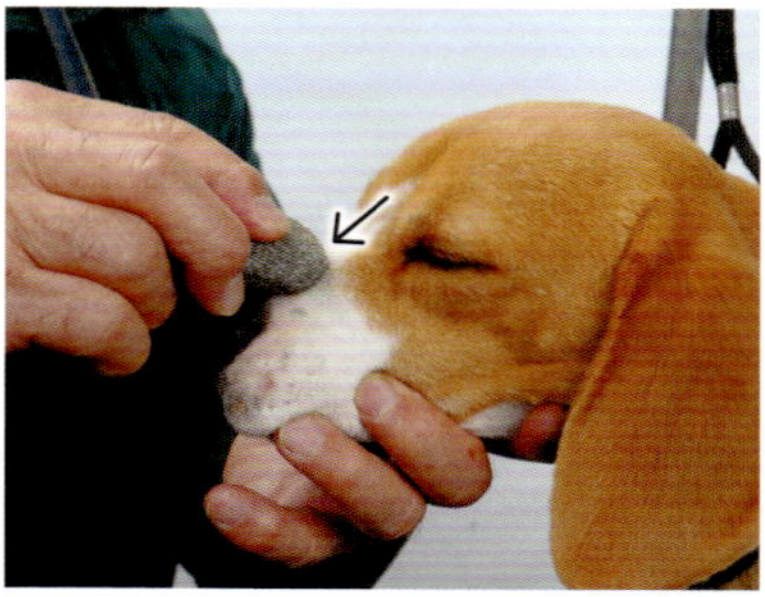

5　頭の上〜鼻先はグルーミング・ストーンを使って処理します。上から下へ、一定方向に動かしましょう。

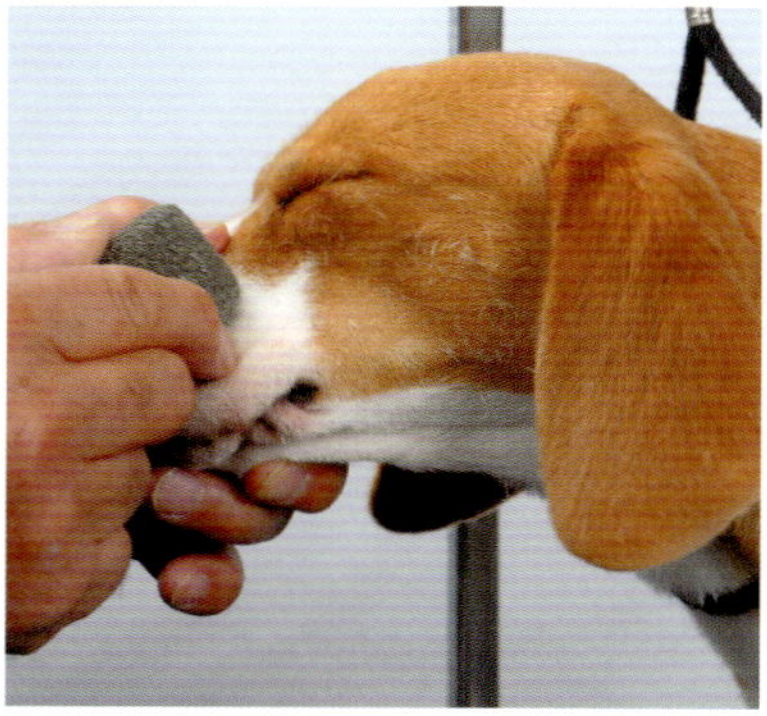

6　⑤と同様に、鼻先と頬のアンダーコートもグルーミング・ストーンで処理します。

memo

皮膚に対して刃を立てすぎると、皮膚が傷付く危険性があるので要注意。グルーミング・ストーンは力を入れず、やさしくなでるように動かしましょう。

足裏の処理

足裏の毛が伸びると
滑りやすくなります。
できる範囲で処理を。

使う道具

ハサミ

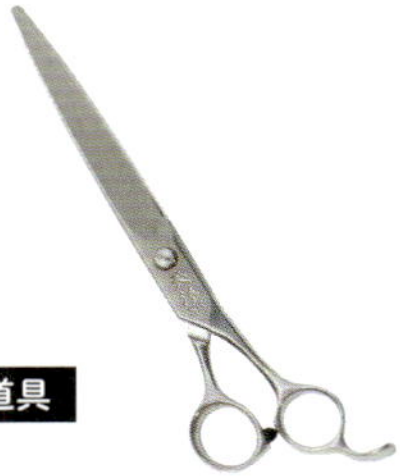

トリマー（プロ）向けもあるが、市販されているペット用がおすすめ。

バリカン

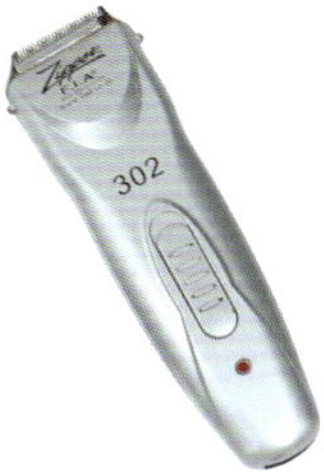

犬の毛を刈るための道具。飼い主さん向けの小さいタイプでOK。

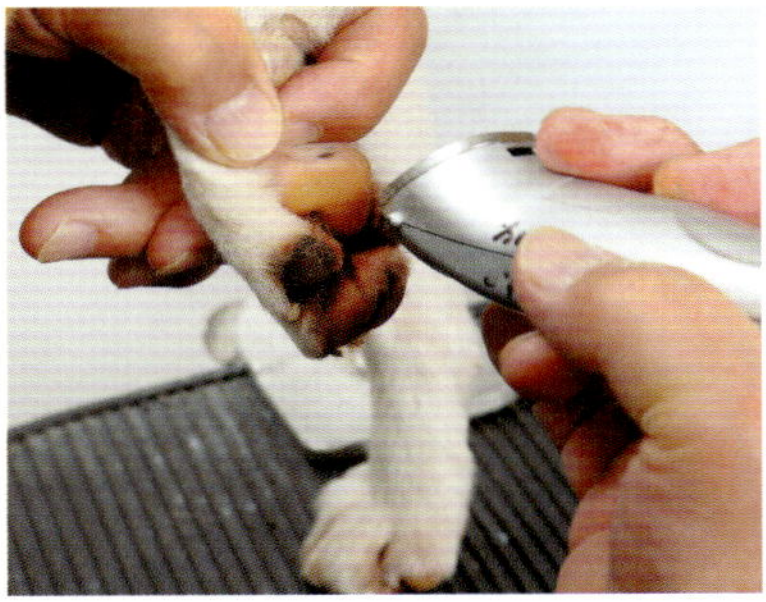

1 足裏の不要な毛を取りのぞきます。まず、バリカンで肉球より長く飛び出ている毛を刈ります。

持ち方

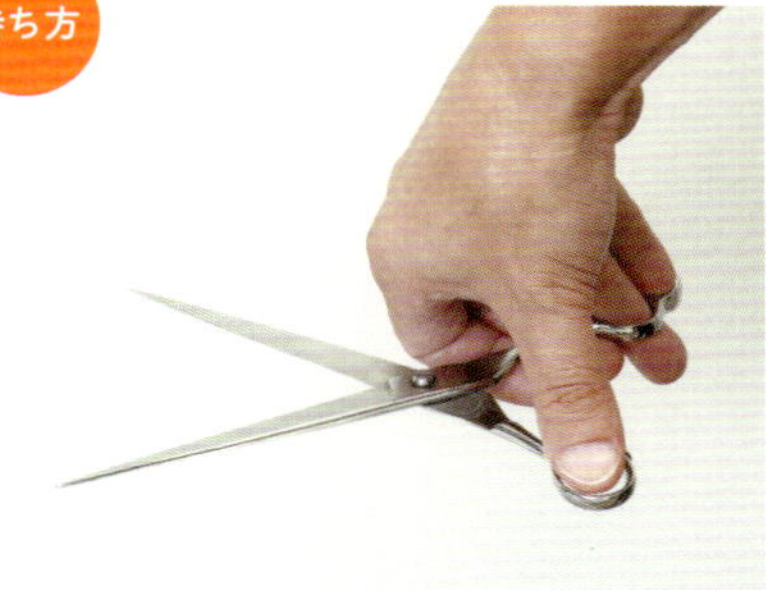

リングに親指と薬指を入れます。薬指側を４本の指でしっかり支え、親指を軽く動かして刃を開閉させます。

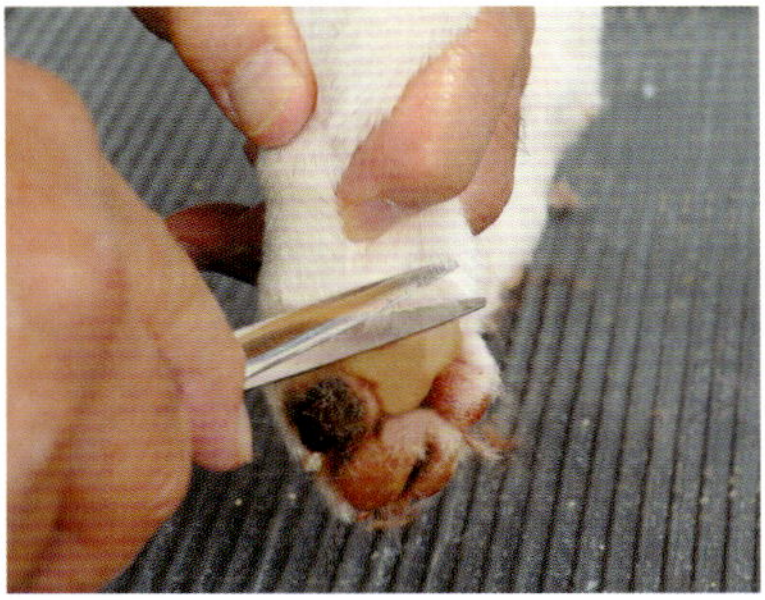

2 ①で毛を取りきれなかった部分はハサミでカットします。

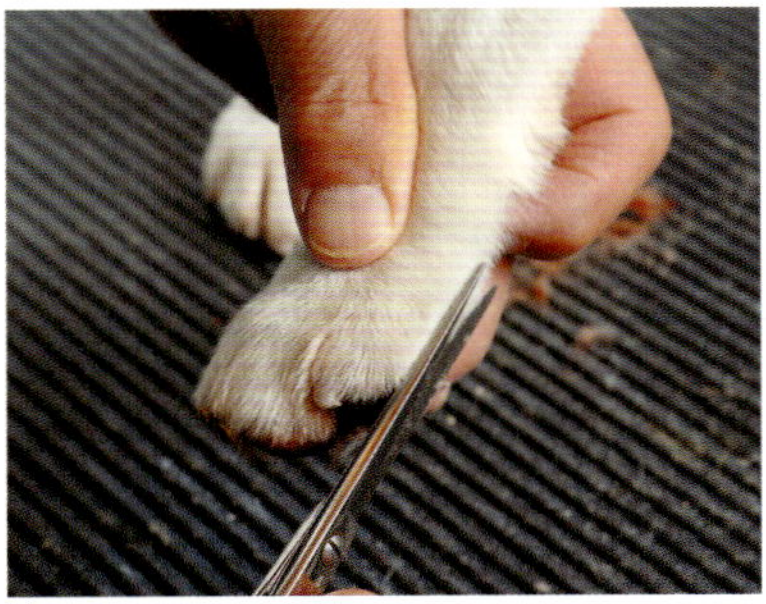

3 足周りの飛び出た毛をハサミでカットし、丸く整えます。

※難しい場合は、無理せずプロのトリマーにお願いしましょう。

ビーグルのためのマッサージ

**体をほぐして体調を整えるマッサージは、
ビーグルの健康維持に効果的。スキンシップにもおすすめです。**

マッサージの効用

**中医学に基づいた
ドッグマッサージの
目的と効果とは？**

中医学の「経絡《けいらく》とツボ」という考え方に基づいたドッグマッサージは、犬のリラクゼーションにも有効です。中医学には「気」（生命エネルギー）という概念があり、気が体内を循環して生命を維持し、体調を整えていると考えられています。気がスムーズに体内を巡れば、コリが緩和したり体調が良くなるといった効果があります。逆に気の流れが滞ってしまうと、体の不調につながるのです。

気の通り道は「経絡」と呼ばれ、その上に点在しているのが「ツボ」。みなさんがよく聞く「ツボマッサージ」とは、経絡に沿ってツボを刺激して気の流れを良くし、体内の状態を改善しようというものです。

*

ドッグマッサージは日ごろの健康維持にも役立ちます。ビーグル飼い主さんの悩みで多いのが、愛犬の肥満。あり余る食欲とその結果たる肥満は、時に犬の健康に悪影響を及ぼします。原因に合ったマッサージを行って体が正常な状態になると、食べすぎを防止するだけでなく食欲不振にも効果が期待できます。

また、首と肩のコリをほぐすのも重要。犬は前足に体重がかかってつねに肩の筋肉を使っている上、ビーグルのように地面を嗅ぎ回ることが多いと首がこりやすくなるからです。コリを放置すると気の流れが滞り、健康トラブルを引き起こすこともあります。スキンシップも兼ねて、愛犬のコリをほぐしてあげましょう。

肥満の主な原因

- 不妊・去勢手術後のホルモンバランスの乱れ
- 水分代謝の低下によるむくみ（水太り）
- ストレス

首や
肩のコリは、
リンパの流れを
妨げてむくみに
つながります

ホルモンバランスの乱れ

不妊・去勢手術後の食欲増進に伴う食べすぎ防止に。

不妊・去勢手術後はホルモンバランスが乱れ、食欲がアップしたり代謝が落ちて太りやすくなりがちです。

改善のカギを握るのが、生殖器とかかわりの深い「督脈《とくみゃく》」（お尻から背中を通って鼻先までをつなぐ経絡）。マッサージで督脈を流れる気を促進するほか、ホルモンバランスを整えるツボ「三陰交《さんいんこう》」を刺激することで、ホルモンバランスの乱れによる肥満の解消が期待できます。

CHECK

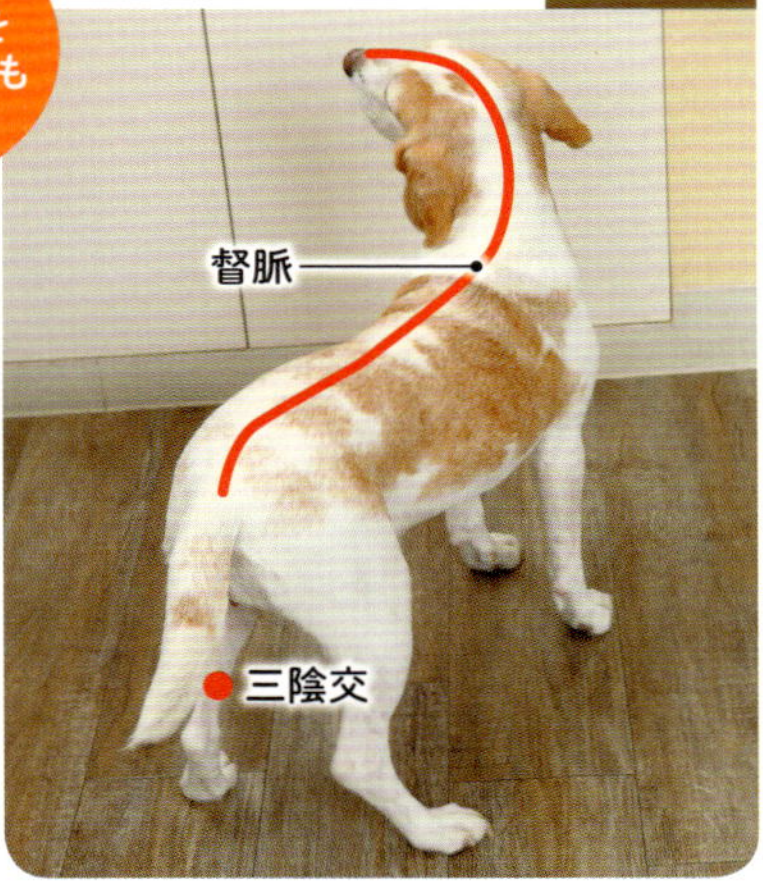

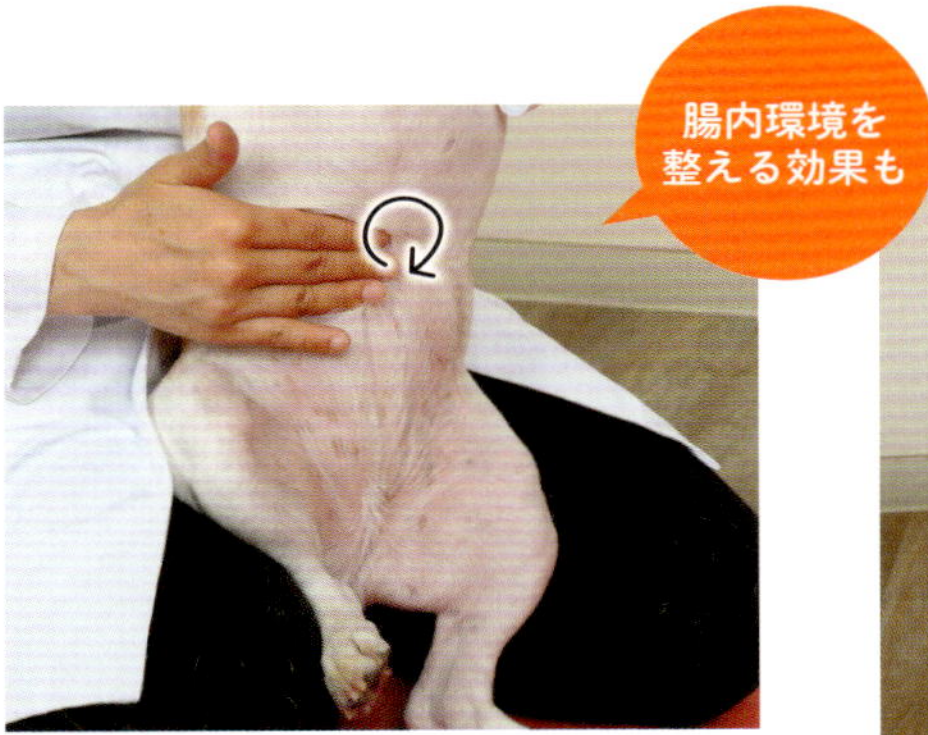

1 腸周辺の気の流れを促進します。犬を抱きかかえておなかの中央あたりに手を当て、時計回りにゆっくり6〜10周させます。

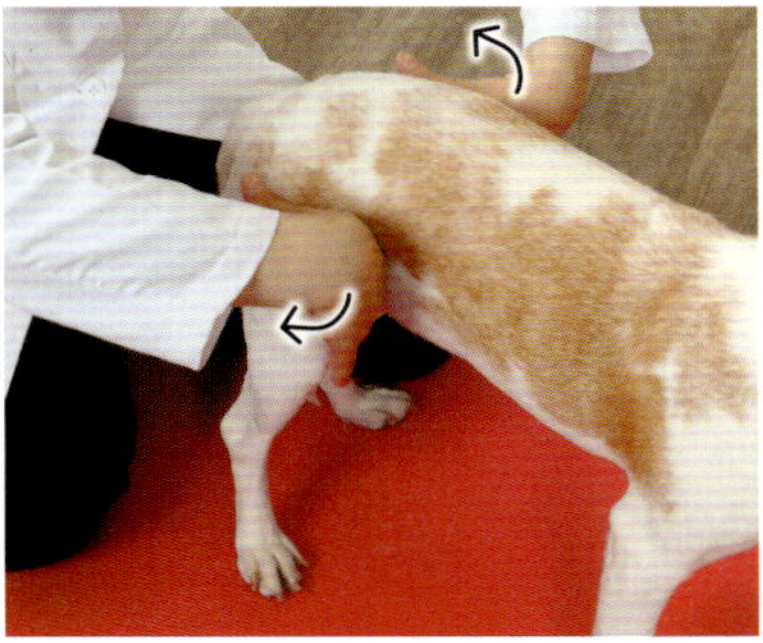

2 鼠径《そけい》リンパ節（股関節に沿って流れるリンパの通り道）を刺激します。後ろ足の付け根を手で覆い、外側へゆっくり手をすべらせます。

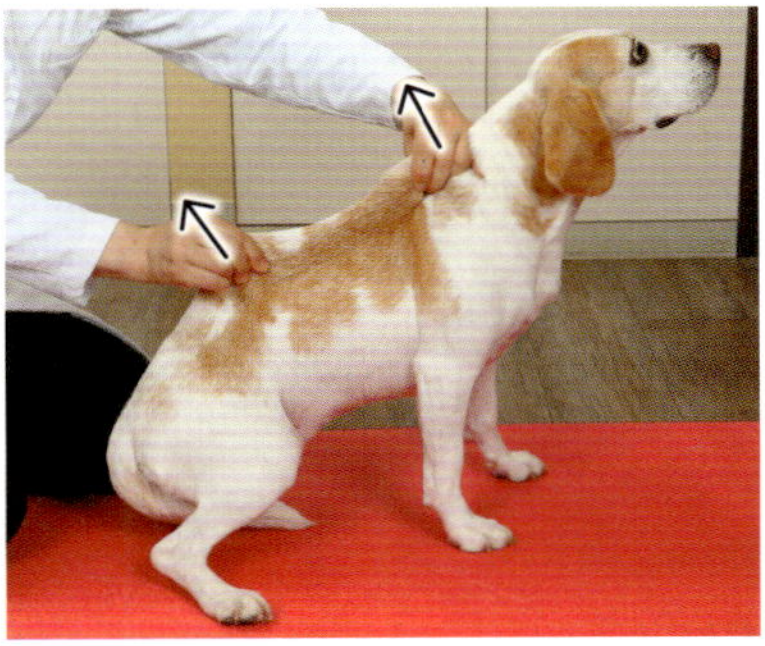

3 背中の皮膚を、背骨に沿ってまっすぐ持ち上げます。

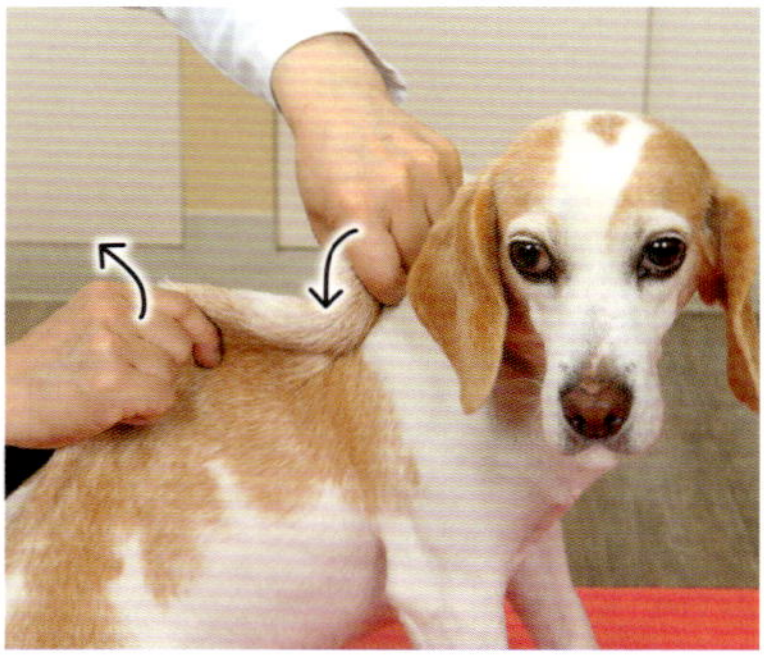

4

③で持ち上げた状態から、両手の手首をひねって皮膚をねじります。

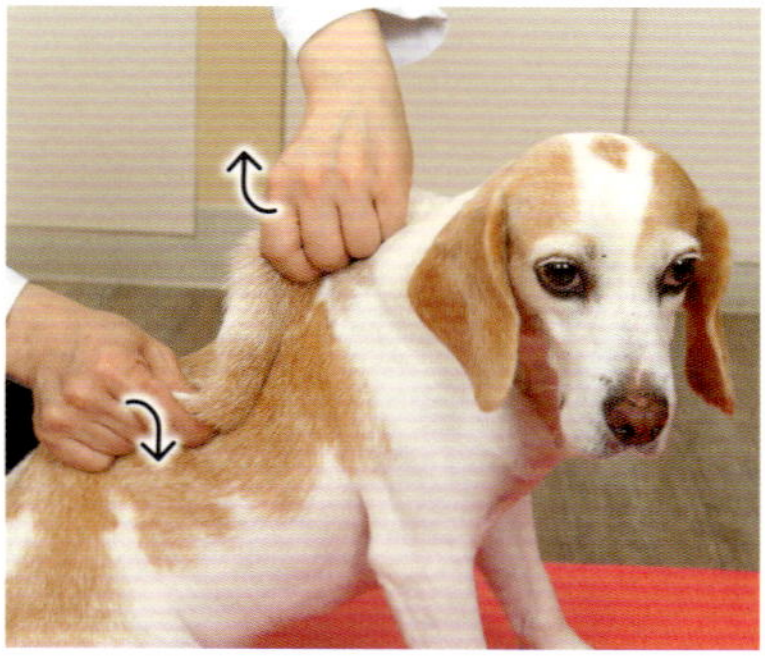

5

④でねじった方向とは逆に手首をひねって皮膚をねじります。これを数回繰り返しましょう。

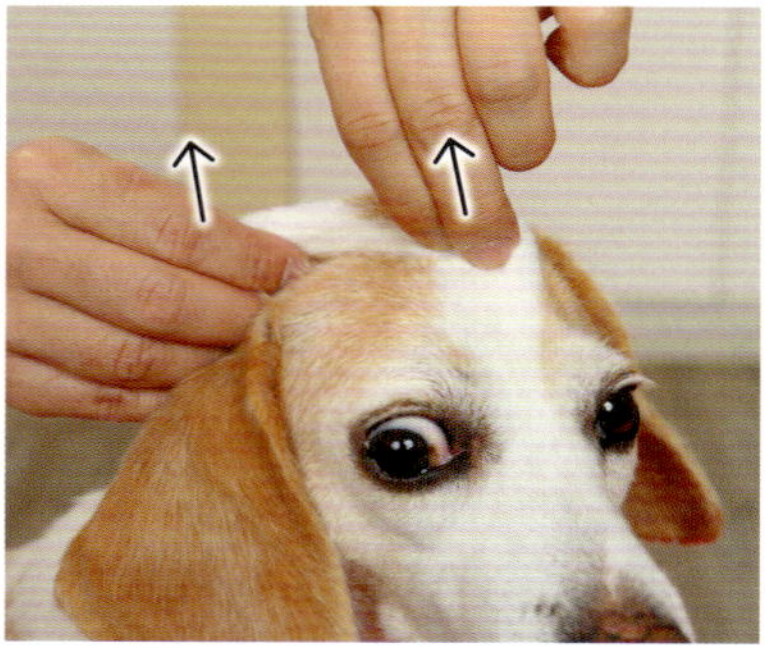

6

頭の皮膚を、背骨と平行の向きでまっすぐ持ち上げます。

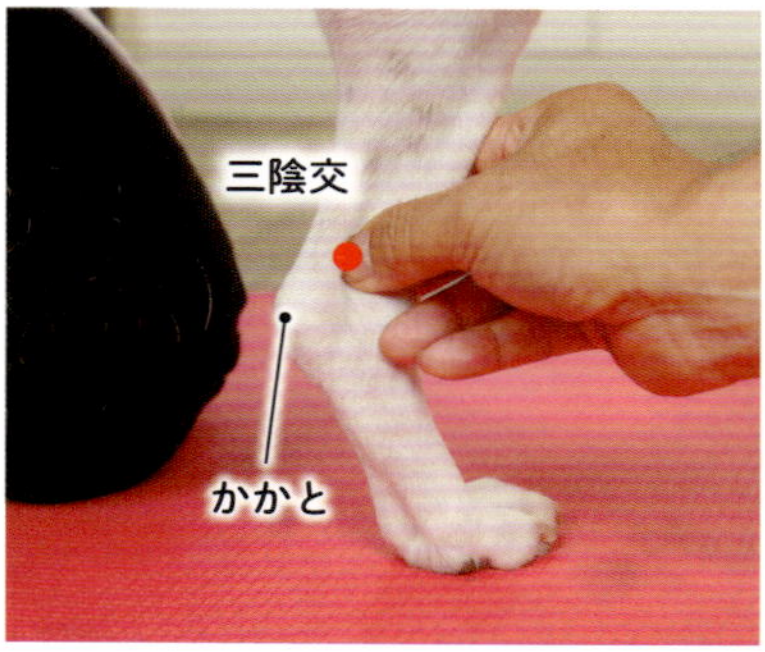

7

かかとよりやや上、内側の中央にあるツボ「三陰交」を、親指でゆっくり押します。

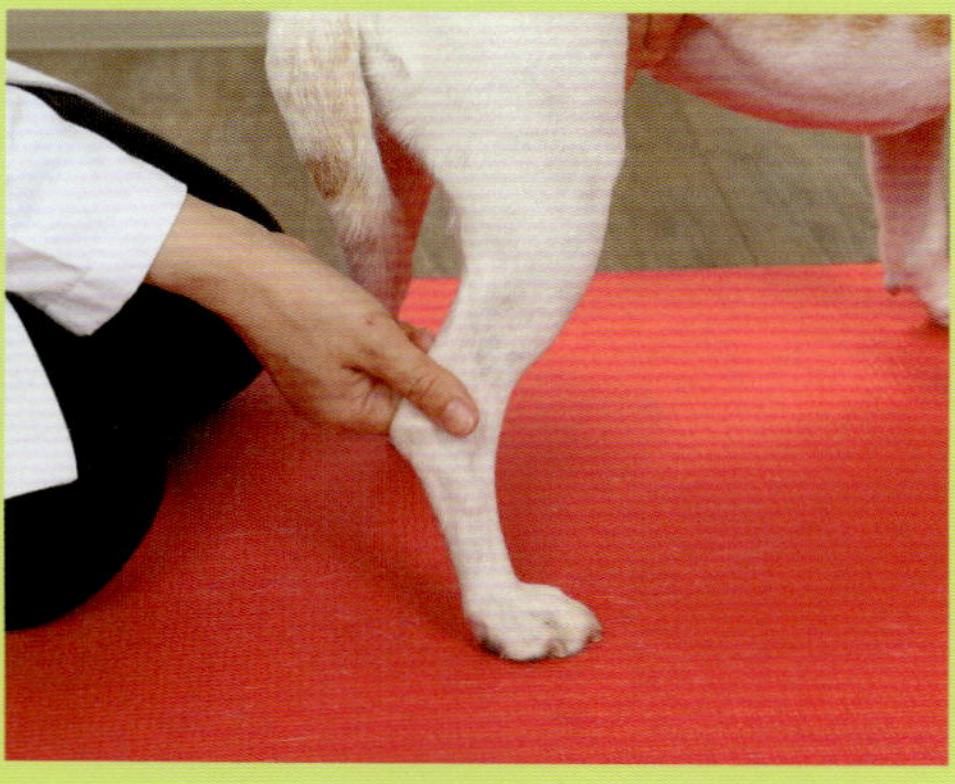

ツボの押し方

ツボを押すときは3秒数えながらゆっくり押していき、そのまま3秒ストップ。また3秒数えながら指を元に戻しましょう。犬の皮膚は人間よりデリケートなので、ぐりぐりと強く押すのはNG。

水分代謝の低下（水太り）

「それほど食べさせていないのに太る」というときに。

体内を巡った後の水分は老廃物と一緒に尿として排出されますが、代謝機能が低下すると十分排出されずに体内にたまってむくみにつながってしまいます。

むくみの解消に効果的なのが、泌尿器と密接な関係のある「膀胱経《ぼうこうけい》」（目頭〜背中〜お尻を通って後ろ足の外側〜小指の外側までをつなぐ経絡）の気の流れを良くすること。そのために、膀胱経に沿って点在するツボを刺激します。

CHECK

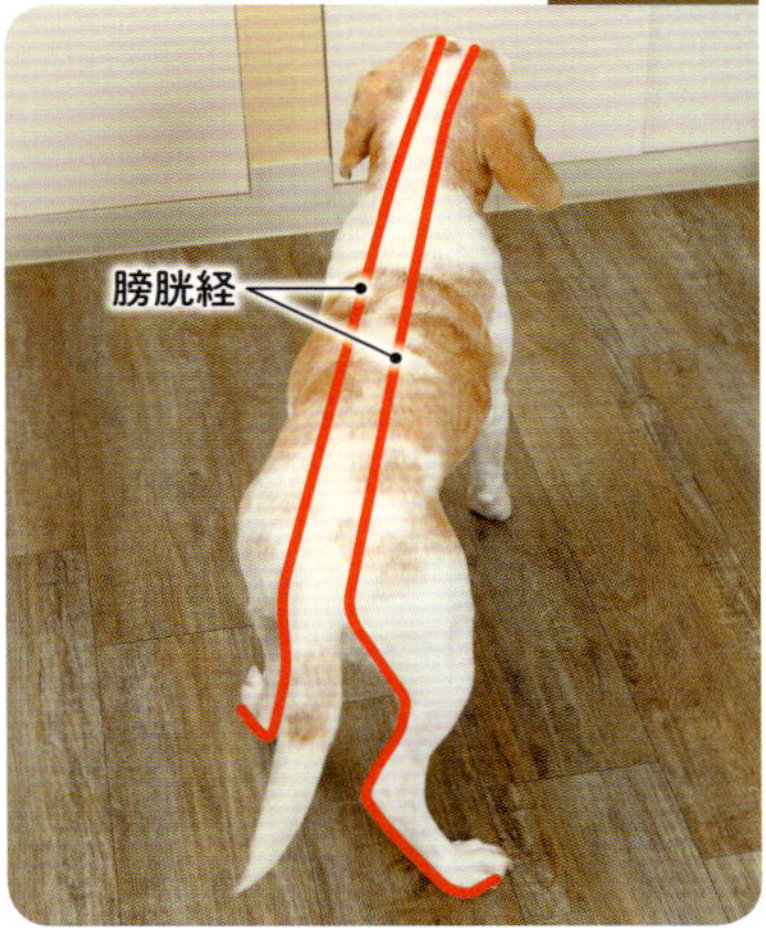

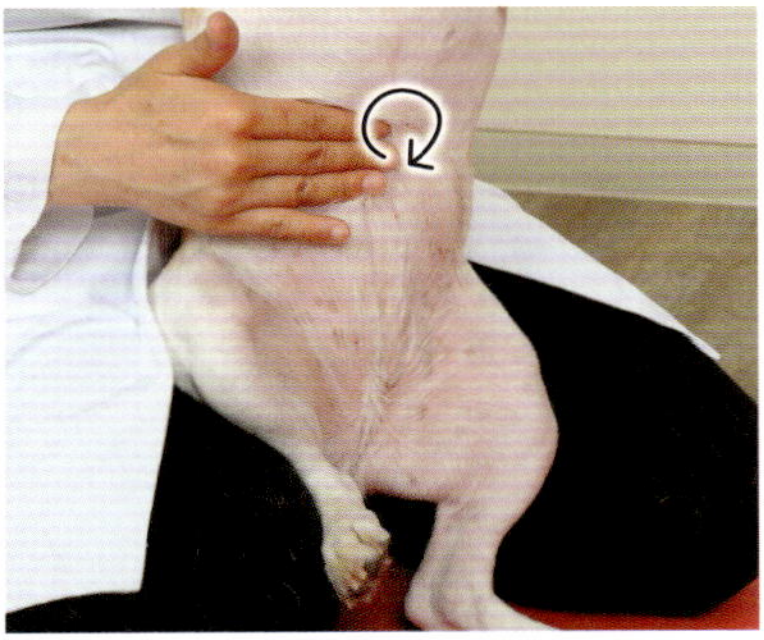

1　P105の①と同様、おなかの中央あたりに手を当て、時計回りにゆっくり動かして6〜10周させます。

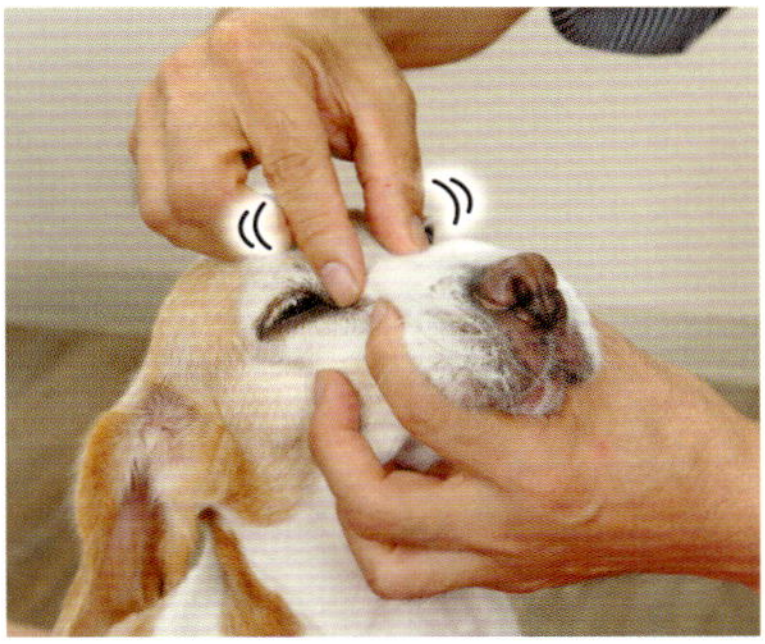

2　両目頭を親指と人さし指でつまみ、軽くもみます。ここが膀胱経の出発点です。

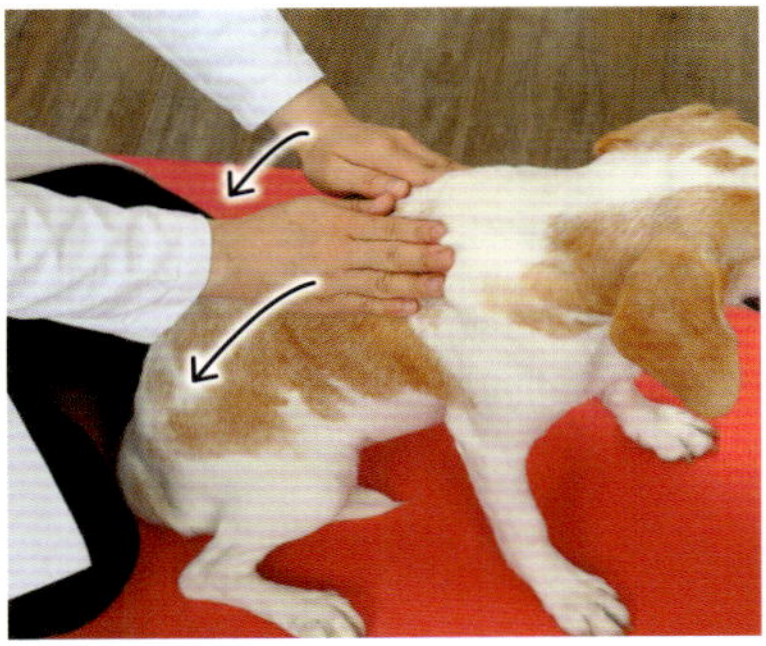

3　背骨の両側を、手のひらで上から下に向かって数回さすりましょう。

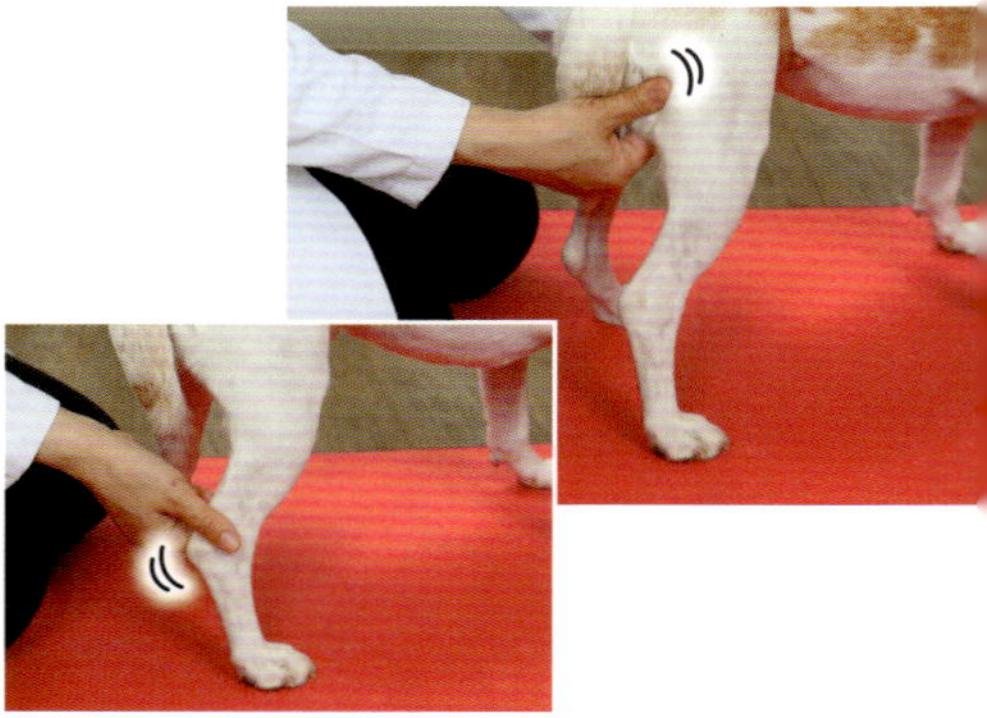

4　後ろ足の外側を刺激していきます。付け根からかかとまで、2～3か所ほどつまんで軽くもみます。

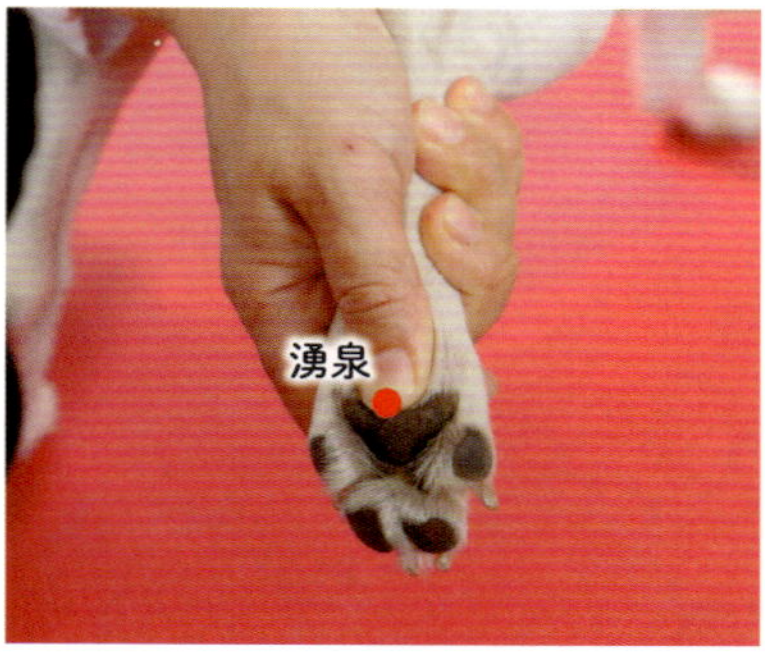

5　後ろ足のいちばん大きな肉球にあるツボ「湧泉《ゆうせん》」を刺激します。親指で足先に向かってゆっくり押します。

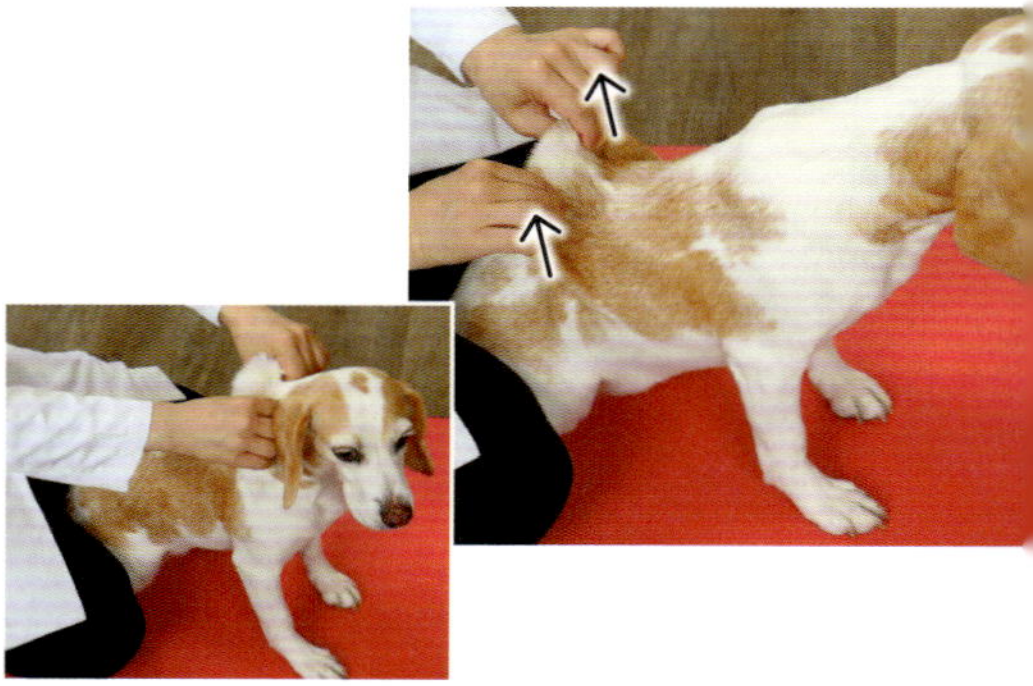

6　両手で腰の皮膚を背骨に対して垂直に持ち上げます。親指以外の４本の指で首側の皮膚をたぐり寄せ、親指を上へスライドさせながら首の付け根に向かって動かします。

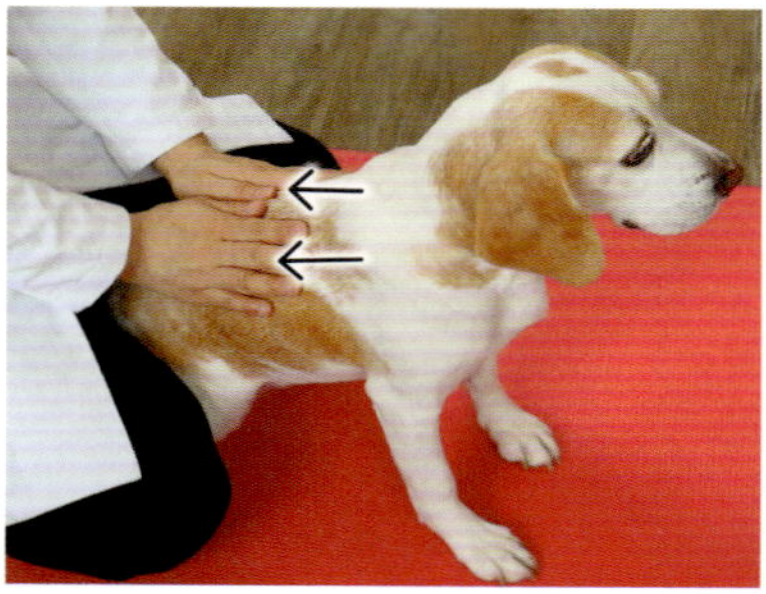

7　⑥で首の付け根まで来たら、手のひらで背中を上から下へなでます。これを３～４回繰り返しましょう。

ストレスによる肥満

人間と同じように、犬にもストレスをやわらげるマッサージが有効です。

犬は極度の緊張状態や不快な環境（暑さ、寒さ、騒音など）にストレスを感じます。そんなストレス由来の食べすぎ（もしくは食欲低下）の改善には、ストレス解消に効果的なツボ「攢竹《さんちく》」と「絲竹空《しちくくう》」を刺激するのがおすすめ。

また、中医学では皮膚をつまむ、ねじるなどして刺激する〝皮膚の体操〟で体調が整うという考えがあります。体の調子が改善されれば、ストレス解消につながります。

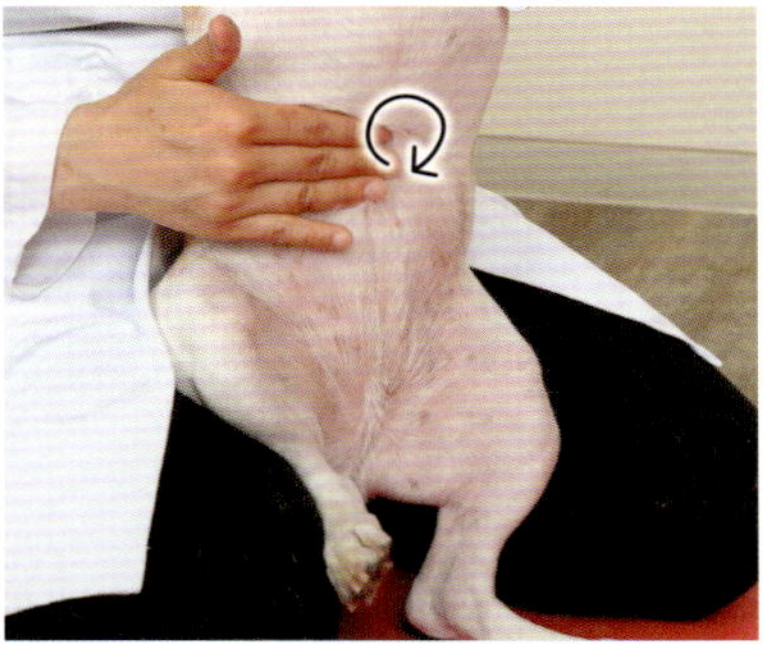

1
P105、107の①と同様、おなかの中央あたりに手を当て、時計周りにゆっくり動かして6～10周させます。

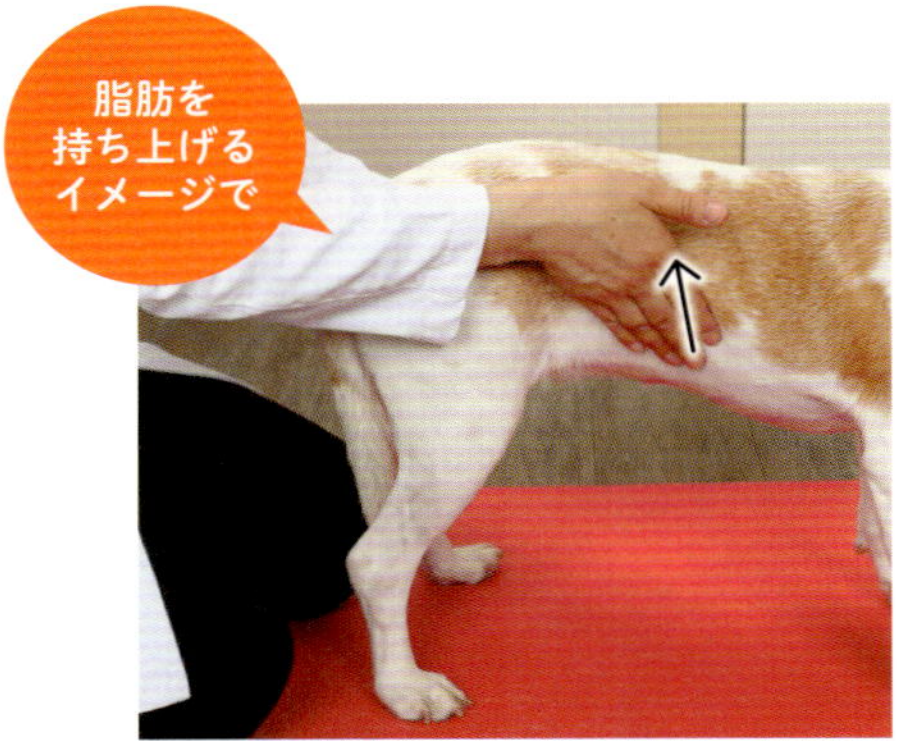

2
左右両側の肋骨が終わるあたりに手を当て、上に滑らせます。

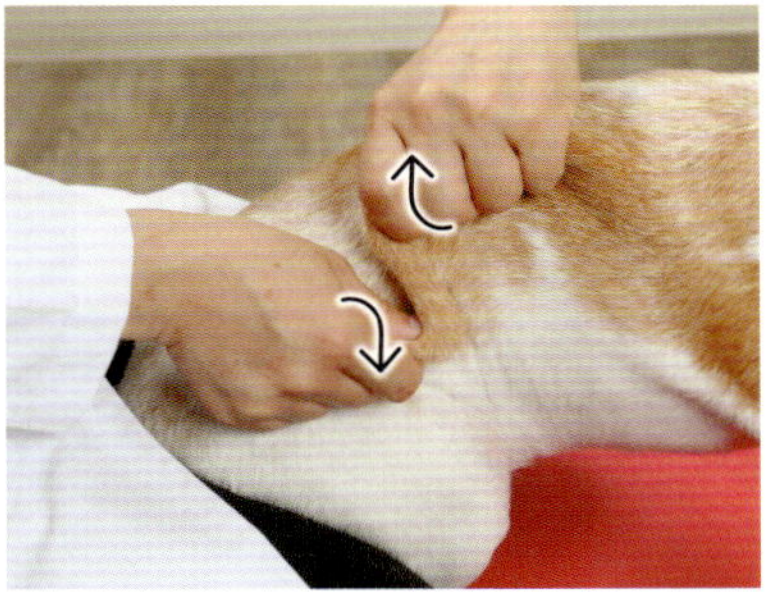

3
皮膚を刺激します。腰周りを中心に、脂肪が気になる部分の皮膚を両手で持ち上げ、手をひねって皮膚をねじります。

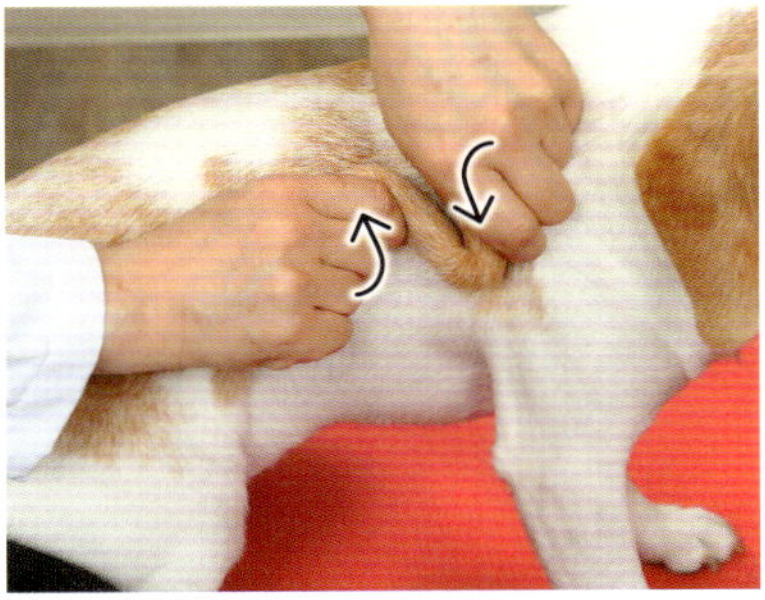

4
③に続けて、逆の方向に手首をひねり、皮膚をねじります。これを数回繰り返します。

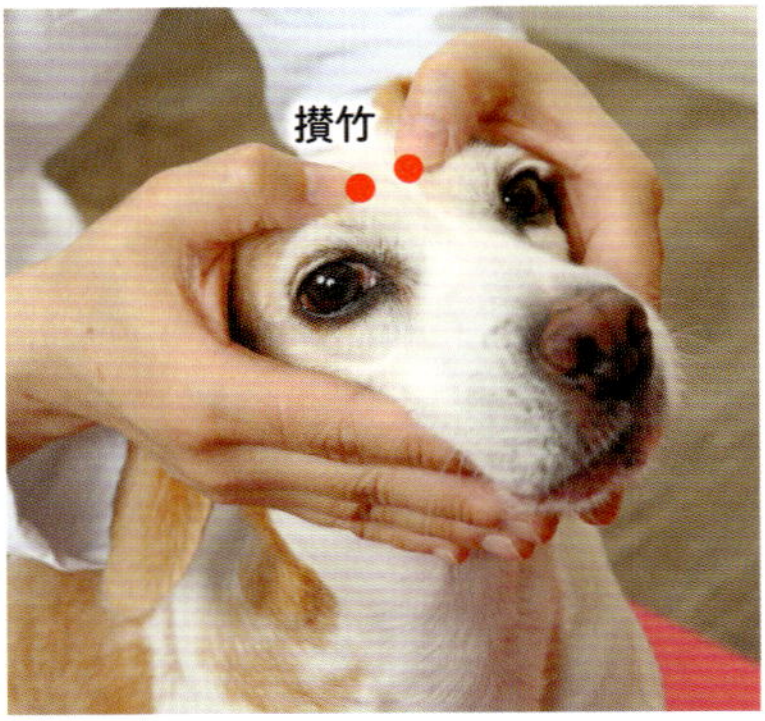

5
目頭のやや上にあるツボ「攢竹」と、眉尻のあたりにあるツボ「絲竹空」を刺激します。まず、親指をやさしく目頭のあたりに当てます。

CHECK

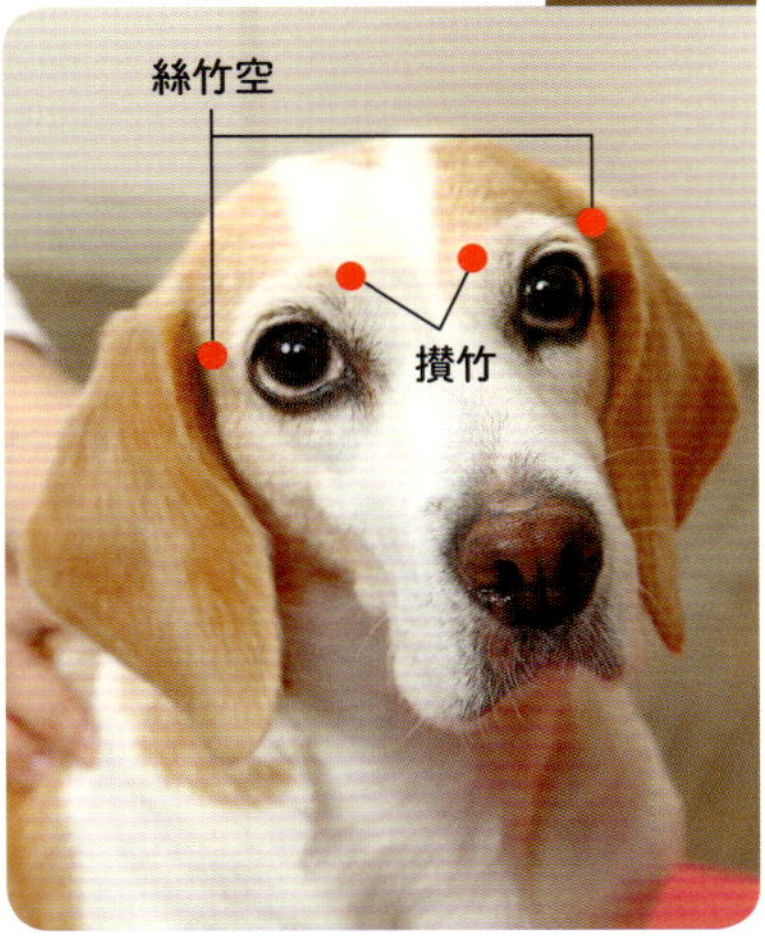

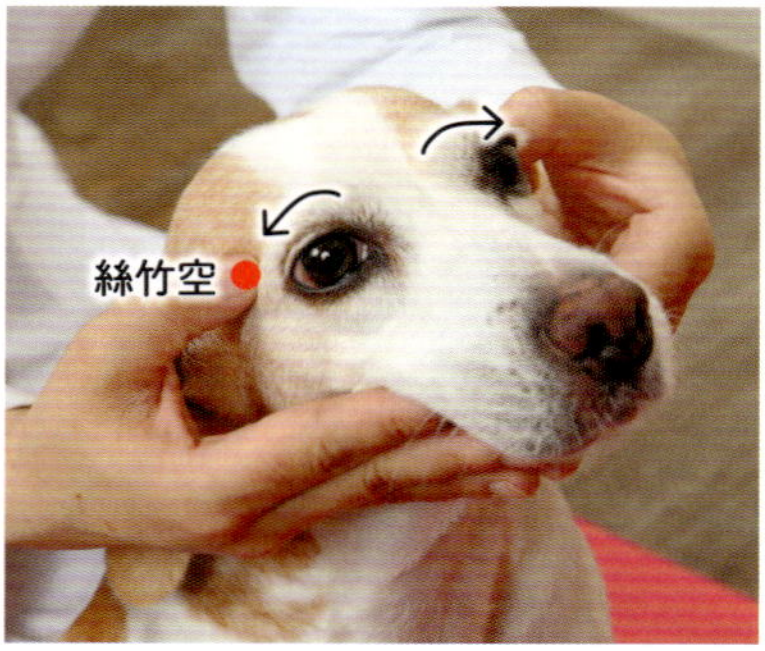

6 ⑤から目尻の絲竹空まで、目の上を半円を描くように親指でなぞります。

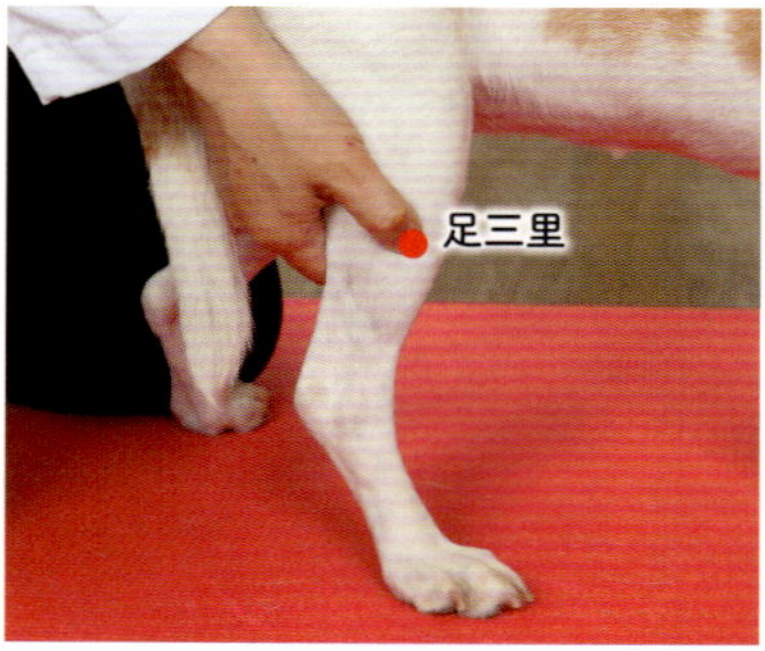

7 食欲とかかわりがあるツボ「足三里《あしさんり》」を刺激します。膝～かかとの上から1/4あたりを、親指でゆっくり押します。

首と肩のコリ

気やリンパの流れを
滞らせるコリをほぐして、
体調を整えます。

犬は鎖骨が退化し、前足と胴体を筋肉だけで支えています。さらに四足歩行で前足に体重がかかっている状態。その上、ビーグルには地面のニオイをしきりに嗅ぐ習性があります。頭を下げると首に負担がかかるので、首と肩がとくにこりやすい犬種と言えるでしょう。首を支える「項靭帯《こうじんたい》」の周りや肩周りの筋肉をほぐすと、疲れが軽減されます。コリが緩和して気やリンパの流れが良くなれば、むくみが解消されます。

CHECK

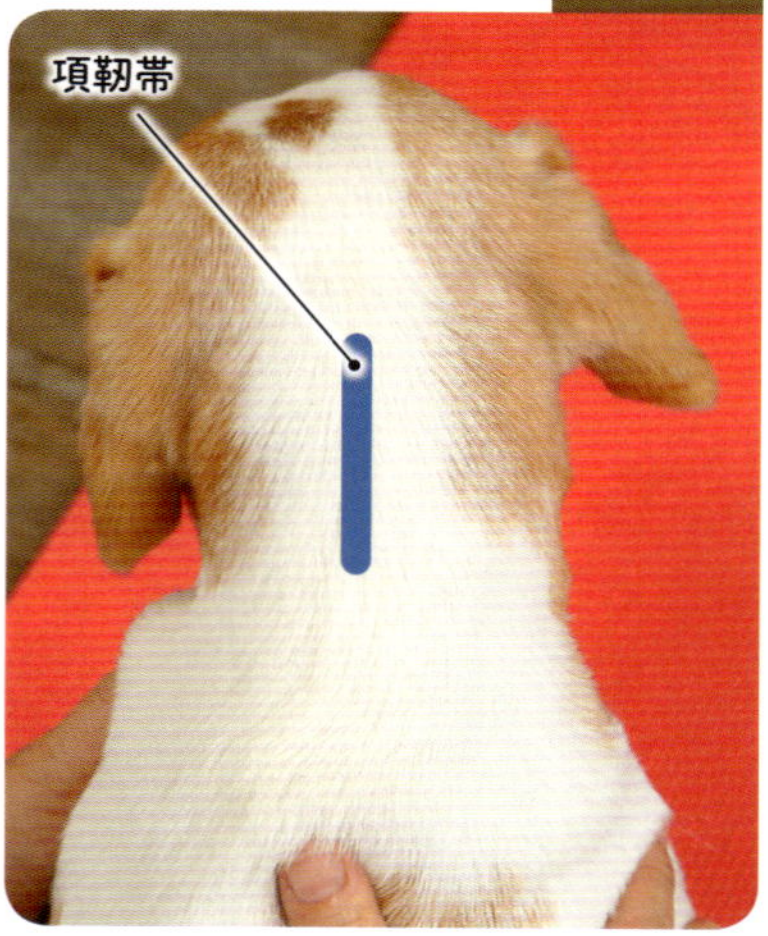

1 項靭帯をほぐします。両耳の付け根の後ろ側あたりを親指と人さし指でつまみ、軽くもみます。

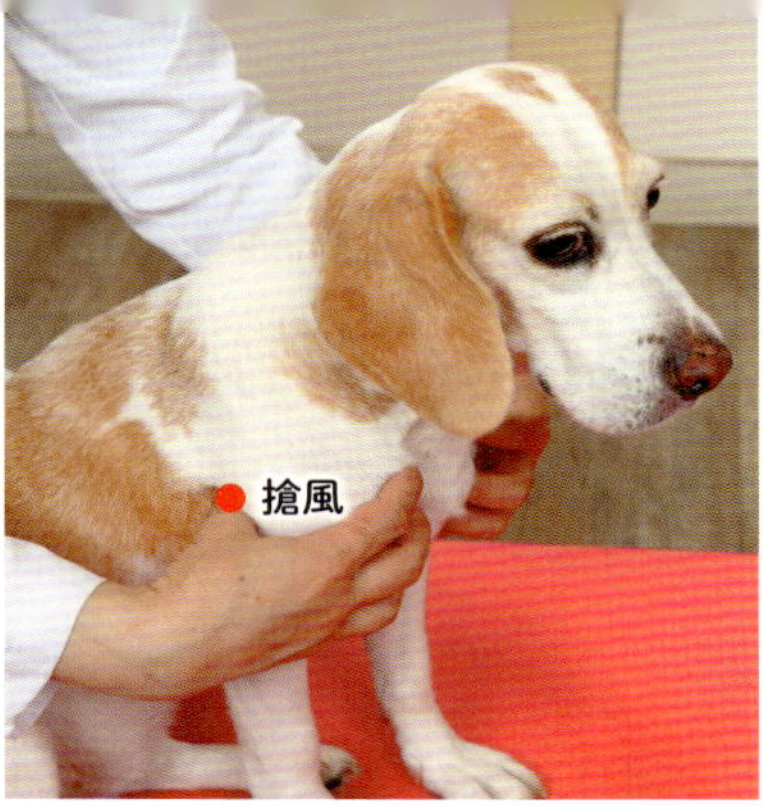

2 肩関節の後ろ側の筋肉のくぼみにあるツボ「搶風《そうふう》」を刺激します。親指以外の４本の指は前足の付け根の内側に当て、親指でゆっくり押します。

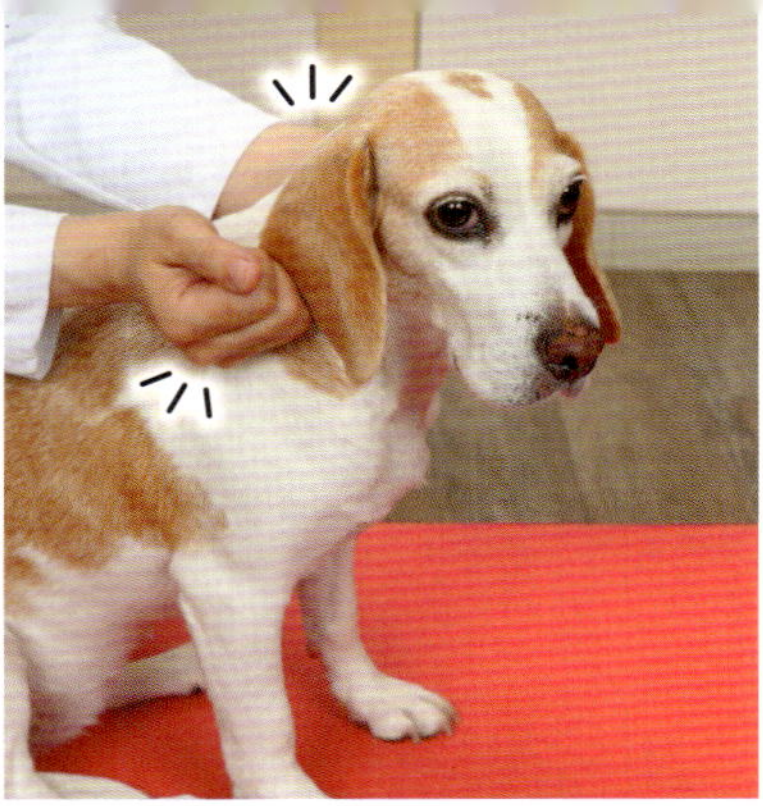

3 肩たたきをするイメージで、数回軽くたたきます。

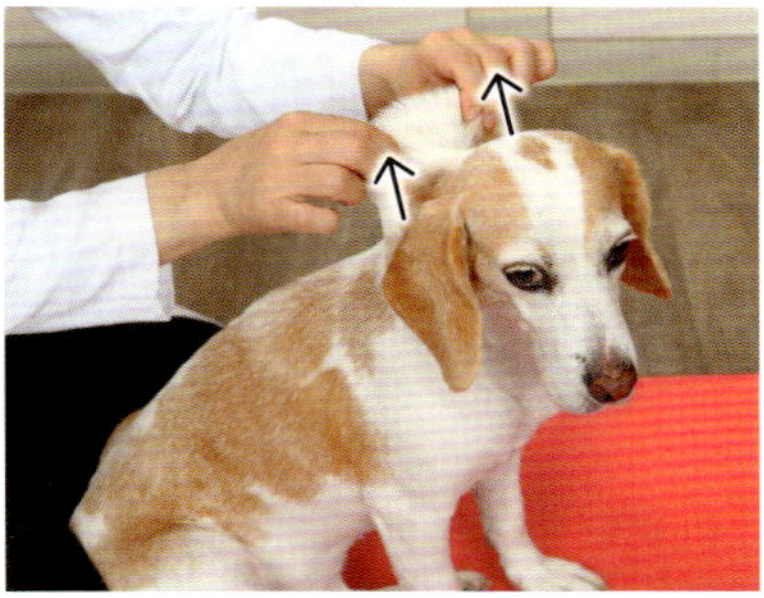

4 首の付け根あたりの皮膚を、背骨に対して垂直に持ち上げます。

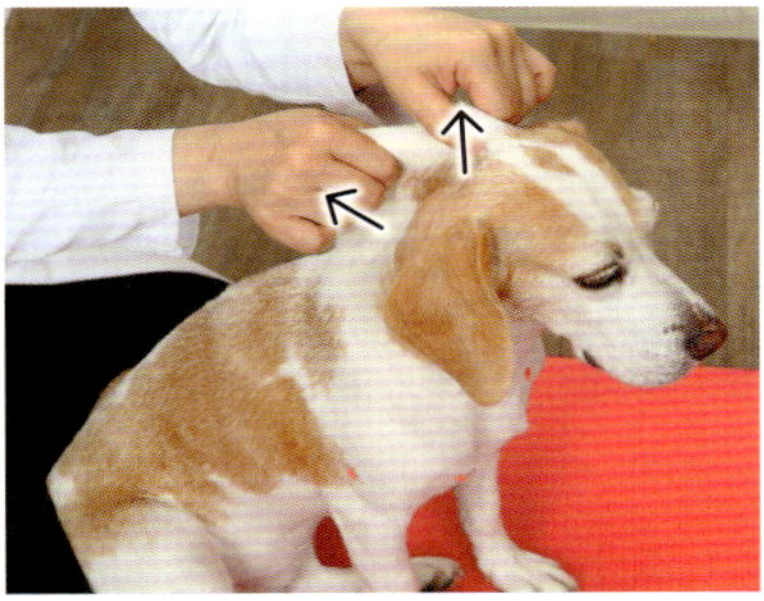

5 続けて、今度は背骨に対して平行になる角度で皮膚を持ち上げます。

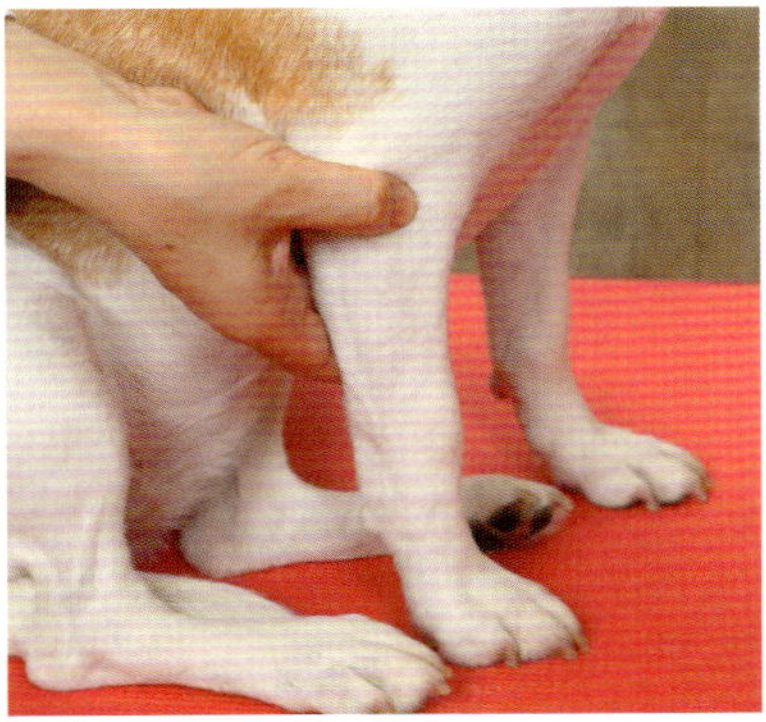

6 肩こり解消に効果的なツボ「曲池」を刺激します。肘の関節の外側を親指でゆっくり押しましょう。

CHECK

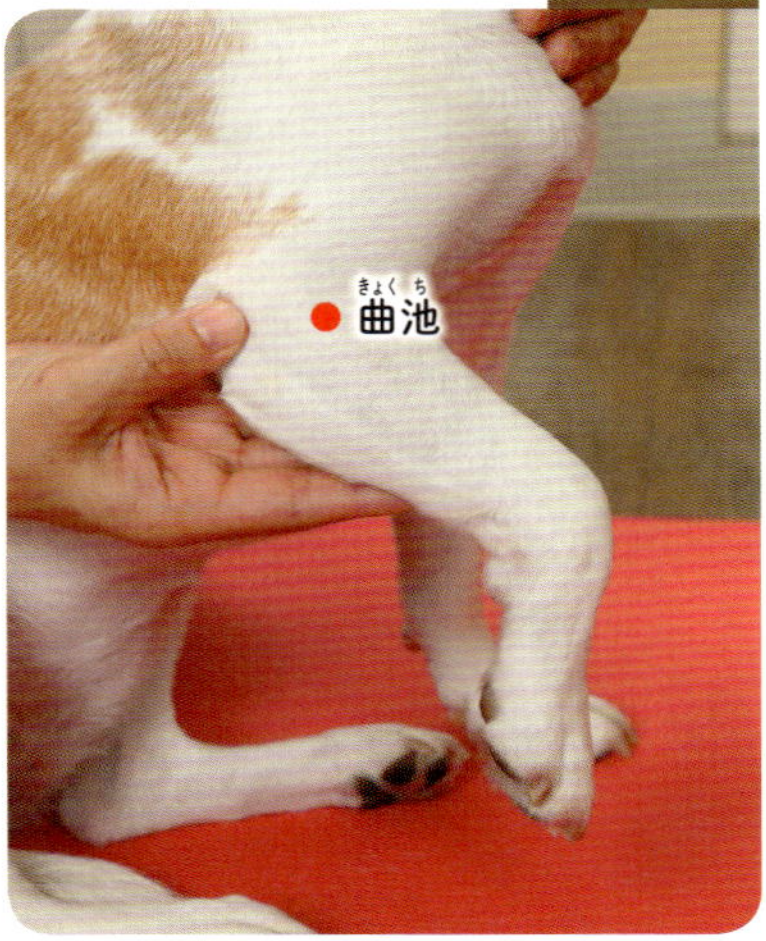

ビーグルコラム
1

被毛のタイプを知る

**ビーグルは「ダブル・コート」と呼ばれる
二層構造の被毛を持っています。
どんな特徴があるのでしょうか?**

ビーグルの被毛は太くて硬いオーバーコート(上毛)と、細くてやわらかいアンダーコート(下毛・綿毛)の二層構造になっていて、これをダブル・コートと言います(下図参照)。一般的にオーバーコートは外部の刺激から皮膚を守り、アンダーコートは保温や保湿の役割を果たすといわれます。「抜け毛」になるのは基本的にこのアンダーコートと、古くなった一部のオーバーコート。犬はほとんどがダブル・コートを持ち、「毛が抜けにくい」といわれるプードルやマルチーズなどごく一部の犬種がシングル・コートだとされています。

ダブル・コートの犬種の特徴は、季節ごとにアンダーコートを増やしたり減らしたりして体温を調節しやすくすること。そのため春と秋の換毛期と呼ばれる時期に被毛が生え変わるので、大量の抜け毛が出てびっくりすると思います。しかし、それも愛犬が環境に適応するための大事な営みなのです。

ビーグルは短毛で「お手入れがラク」と思われがちですが、ビーグルだからこそ“美しく飼う”ためのケアが大事。毎日のブラッシングや、トリミング・ナイフを使った作業(P101〜)で不要なアンダーコートを定期的に取りのぞいておくと、抜け毛が少なくなる上に毛並みが美しくなるので一石二鳥です。ひと手間かけたていねいなお手入れを実践してみてください。

ダブル・コートの構造

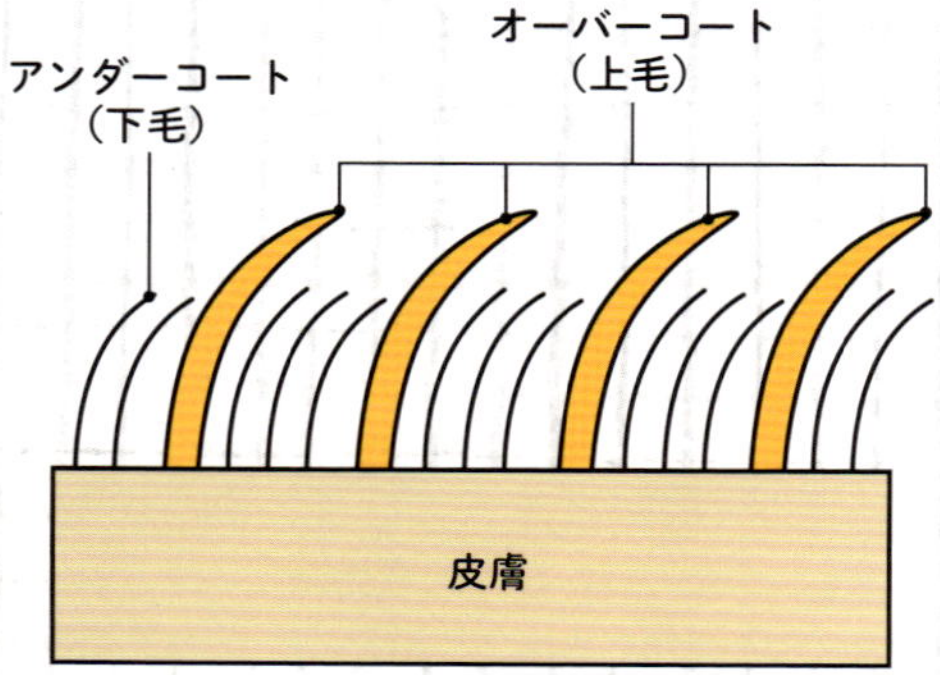

Part6
シニア期のケア

ビーグルは丈夫な犬種なので、長寿の犬も珍しくありません。シニア犬のケアや介護についての情報や知識は、今や飼い主さんには必須です

シニアにさしかかったら

7歳を過ぎるころから、少しずつビーグルの体に変化が現れます。体調をよく観察してあげましょう。

シニアを迎える前に

介護が必要になる前に、コマンドのマスターを。

　犬を家族に迎えてすぐに「オスワリ」、「オテ」、「フセ」など、基本的なしつけ（コマンド）を教えておくことは、シニア期の介護はもちろん、日々の暮らしにも役立ちます。これらのコマンドは、体をふくなどの介助や介護が必要になったときに身に着いていないと困るはずです。年を取ってからいきなり教えてもなかなか覚えてくれませんし、だからと言って無理に体にさわったり口の中をチェックしたりすれば、犬のためにやっていても「嫌なことをされた」と思われることもあります。子犬のときにコマンドを覚えさせ、どこをさわられても平気にしておくことが理想ですが、成犬になってからでも遅くありません。焦らず忍耐強くしつけを繰り返しましょう。

　これはビーグルに限ったことではありませんが、愛犬が高齢になり介護が必要になったとき、どのようにケアすれば良いかわからなくなる人は少なくありません。そんなときに困らないためにも、しつけが大事なのです。

　ビーグルはお散歩が大好きな犬が多いでしょうから、たとえば散歩の前に毎日歯ブラシで歯みがきすることを習慣づけるなどの工夫をしてみるのもおすすめです。シャンプーや歯みがきをどうしても嫌がる犬が多いので、ほめながら短時間で済ませるのがポイントでしょう。

ビーグルの老化のサイン

- □ 元気や意欲がなくなる
- □ ほかの犬とじゃれ合わなくなる
- □ トイレを失敗する
- □ 夜に徘徊したり吠え続けたりする
- □ 四肢が悪くなり、バランスが崩れてトボトボ歩くようになる
- □ ソファなどに飛び乗ったり降りたりできなくなる
- □ 部屋の隅や家具のあいだから出られなくなったり、散歩中に溝にはまったりする
- □ 名前を呼んでも反応しなくなる
- □ 食欲が異常に盛んになったり、失禁したりすることもある（認知症）

10歳

3歳

年を取って新陳代謝が悪くなると、黒や茶の部分の退色が見られるようになります。

気を付けたい病気

シニアになると、かかりやすい病気も増えてきます。

高齢で発症しやすいのは、若いころから徐々に進行した慢性の病気です。病気の早期発見こそ老化を遅らせるポイントで、これには日ごろの健康管理がカギになります。7歳くらいからは、血液検査を含めた健康診断を1年に1～2回受診するよう心がけましょう。

ビーグルは体が丈夫な犬種ですが、以下に比較的よく見られる病気をまとめました。

目　チェリーアイ（第三眼瞼突出）

上まぶた（上眼瞼）と下まぶた（下眼瞼）のほかに、犬では第三眼瞼という白い膜（瞬膜）が目を覆います。チェリーアイは、この中にある第三眼瞼腺（涙腺）が飛び出して小豆大に赤く腫れる病気です。治療として第三眼瞼を摘出する場合はドライアイを起こしやすくなるので、獣医師とよく相談してください。

目　白内障

黒目が徐々に白く濁っていく病気で、老化だけではなく、糖尿病に伴って発症することもあります。視力の低下が見られ、ものにぶつかりやすくなります。そのまま放置して悪化させると光が網膜まで届かなくなってしまい、失明の危険性も。予防方法はとくにないので、日ごろから愛犬の目をよく観察してください。異常が見られたらすぐに動物病院へ。

心臓　僧帽弁閉鎖不全症

心臓の左心房と心室のあいだにある僧帽弁が閉じなくなる病気。4～5歳をピークに、加齢とともに発症率が増加する傾向が見られます。苦しそうに咳をする、呼吸が荒くなるなどの症状が見られたときには、僧帽弁閉鎖不全症の可能性があります。若いころから肥満を防ぐ、塩分を控えて心臓に負担をかけないようにするなどの予防を。

歯　歯周病

たまった歯垢をそのままにしておくと歯周病のリスクが高まります。成犬の8割に見られるというデータがあるほど、起こりやすい病気です。歯が抜けてしまうだけでなく、心臓や消化器の病気に発展する可能性も。きちんと歯みがきをしてあげることが大事ですが、飼い主さんがうまくできない場合は獣医師に相談してください。

早めの対処を
お願いします！

脳 認知症

空中の一点をぼーっと見つめたり、飼い主がわからなくなったりするなど、異常な行動を起こすのが特徴。自分がどこにいるのかわからなくなってしまい、あてもなく歩き続ける徘徊、夜鳴きや失禁、不適切な場所での排尿、体にふれるとおびえるなどの症状も見られます。認知症の症状が見られたら定期的に診断を受け、体調の維持を心がけまししょう。

脊髄 椎間板ヘルニア

椎骨と椎骨の間にある椎間円板という軟骨が異常を起こし、背骨の中を走っている脊髄を圧迫することで起こる病気。過剰な運動や肥満によって起こりますが、老化で椎間円板が異常を起こして発症する場合も。背中が痛いので動きたがらない、後ろ足がふらついて座り込む、後ろ足が動かなくなるといった症状が見られたら、すぐに受診しましょう。

皮膚 アレルギー性皮膚炎

ノミやダニ、花粉、食べものとの接触や吸引によって、皮膚に赤みや激しいかゆみが見られる病気。食事とシャンプーを変えることによって症状が軽減するケースもありますが、原因により治療法が異なるので、獣医師に相談を。とくに弱い首の腹側の皮膚に刺激を与えないようにするため、首輪と胴輪をときどき交換するのも効果的です。

体 肥満

肥満は運動器疾患、糖尿病、呼吸器疾患、皮膚疾患などの発症につながるので要注意。食欲旺盛なビーグルが多いので、若いころから食事には注意すること。フードのパッケージに記載されている量を目安に、きちんと管理してください。人の食べものを与えることもNG。小さく切った生野菜や煮た野菜をトッピングして与えるのも手です。

ビーグルの場合、食欲で悩むことはあまりないかもしれませんが、バランスには気を付けて。

シニア犬の食事

シニア犬ならではの栄養について学びましょう。

若いうちにできること

若いころから、ライフステージやライフスタイルに適したフードを選択し、適切に与えましょう。とくに成長期は生涯の健康を左右する大切な時期ですが、成長期後半は成長に伴う栄養要求が変化するので、食べムラが生じやすいのです。それを避けるには、生後4～5か月ごろと生後7～8か月ごろに給与量を見直し、安定した食欲があり体重が増加していることを確認しましょう。また生後6か月ごろまでは、(可能な限り) 食事回数を1日3～4回に分けると、消化吸収も速やかに行われます。

食事や与え方が不適切な場合、食欲不振、嘔吐、軟便、下痢などを起こします。このような状態を長引かせず健康な成犬に育てることが、生涯を支える体づくりのポイント。成犬になってからは、高品質、高消化性の食事による適正体重の管理と適度で定期的な運動、十分な水分摂取といった基本を守りましょう。

食べ方の変化

加齢によって体のいろいろな機能とともに嗅覚や味覚が低下すると、今まで好きだった食べものが認識できない、食べにくくなるなどの変化が見られます。また、筋力の減少は食べたものの消化や吸収にも影響するため、便秘や下痢をしやすくなるなどの変化が見られます。さらに、心臓病、腎臓病や代謝性疾患にかかると必要なエネルギーや栄養バランスが変わるため、今までと同じ食事が「食べられない」ことがあります。

つまり、シニア期は好き嫌いやわがままで「食べない」のではなく、体の変化により「食べられない」ことがあるのです。飼い主さんはその変化を見逃さずに、健康状態に対応した食事を選び、与え方を工夫することも必要になります。

脂肪とたんぱく質

シニアになってくるとくに、食事では高脂肪や高たんぱくの食材を避けたほうがよいでしょう。高脂肪食は嗜好性が高く、犬がよく食べます。愛犬の好みだけに合わせると気付かぬうちに脂肪分の高い食事を与えていることがあるので要注意。フードを購入する前に、ラベルの保証分析値で脂肪の含有量を確認してください（成犬用ドッグフードの脂肪含有量が12％前後を目安に選択）。脂肪の酸化を防ぐにはビタミンEが有効なので、ゆでたかぼちゃに少量のオリーブ油を混ぜたものなど、ビタミンEを多く含む食事がおすすめです。

シニアビーグルの食事

最も気を付けたいのは、適正な体重管理と水分補給です。シニア期は睡眠時間が増える、散歩の時間が減るといった変化にともなって必要なエネルギー量が低下します。そのためシニア期用ペットフードは同じ量あたりで摂取できるエネルギー量を低くして、そのぶん食物繊維を増やして空腹を防ぎ、排便をスムーズにし、体重が増えにくい工夫がされているのです。

しかし、要注意なのがおやつです。ペット用のおやつは少量でも意外と高カロリーで、エネルギー過剰の原因になっていることがあります。おやつに使用される原材料や1個当たりのエネルギー量を把握し、与えすぎに注意しましょう。

一方で、活動量が低下したことで自発的に摂取する水分量が減り、筋肉量の低下から体に蓄えておくことができる水分量も減少します。水分は一度に大量に与えるのではなく、水分の多いウエットフードなどを交えながら、少しずつ何回かに分けて与えるようにしてください。

シニアになってもいきいきと活動できるようにしてあげましょう！

住まいの工夫

室内で過ごしやすい
環境を整えてあげるのも
重要です。

住居はもともと人が住むためのものですから、犬（とくにシニア犬）にとって快適でないところもあります。年を重ねて、愛犬に「足腰が弱くなる」、「目が見えなくなる」などの変化が起こったら下のような工夫をしてあげましょう。

フローリングの床や家具のすき間などは危険なこともあるので、滑り止めのマットなどを活用して、シニア犬に負担がかからないようにしてください。

フローリングの床

踏ん張りがきかなくなると、滑って転んでケガをしやすくなります。カーペットや滑り止めマットなどを敷きましょう。

家具や柱の角、家具のすき間

ぶつかってケガをしないように古着や気泡シートをひもで巻きつけます。視力が落ちるとすき間に入り込んでしまうこともあるので、すき間がなくなるように家具の配置変えを。

階段や段差のある場所

犬が高いところにいるときは落下に気を付けましょう。

フローリングなどの硬い場所に介護用ベッドを作る場合は、気泡シートを数枚重ね、その上に毛布やタオル、さらにトイレシートを敷きます。飼い主さんと一緒にいられる場所に設置するのがおすすめ。

関節の健康を保つ

若いころはエネルギー全開なビーグルだけに、年を取っても活発に活動させてあげたいですよね。

体が丈夫でかかりやすい病気も少ないビーグルですが、シニア期でとくに気を付けたいのは、関節のトラブル。主に足の関節で発症するので若いころのように走り回れなくなり、ストレスや体重の増加につながってますます悪化してしまうのです。

それを防ぐにはふだんから適度な運動や食事に気を配り、動かしやすい体を維持することが重要。「シニア犬はあまり運動させないほうがいい」という意見もありますが、それは誤解です。体を動かすことはビーグルにとっての大きな楽しみで、毎日の散歩で刺激を受けることも老化防止に役立つのです。

散歩やトレーニングは、飼い主さんとのコミュニケーションにもなります。成犬になると一緒に遊ぶ機会が減るという話も聞きますが、犬のＱＯＬ（生活の質）維持には飼い主さんとのふれ合いが大事。スキンシップを楽しみながら、無理のない範囲で対策を取り入れてみてください。

気を付けたい骨・関節の病気

頸部椎間板ヘルニア

椎骨（背骨を構成する骨）のあいだにある椎間板に異常が生じ、神経が圧迫されて起こる病気。腰で起こるケースが多いが、ビーグルは首（頸部）で起こりやすいのが特徴（P66参照）。

関節炎

関節の骨と骨のあいだにあって、クッションの役割を果たす軟骨が加齢とともにすり減り、炎症が起きた状態。犬全般で起こりやすく、ビーグルでも多く見られる。

関節トラブルの仕組み

知らず知らず関節にダメージがたまっていることもあります。

年とともに足腰が痛んだり動かしにくくなるのは、犬も人も同じこと。ビーグルのように運動能力が高い犬種も例外ではありません。関節で炎症が起きると「痛いので体を動かす量が減る→筋肉が落ちる&体重が増えてさらに関節への負担が増える」という負のサイクルにはまり、どんどん体が衰えて最後には寝たきりになってしまうケースも多いのです。

悪化させないためには、早い段階で関節炎の兆候に気付いて対処することが重要。完全に元通りに回復するのは難しくても症状を軽くすることはできるので、これまでの運動のしかたや食事内容を見直してみてください。もちろん、まだ若く元気なうちから健康的な生活習慣をつけておけば、年を取っても関節炎になりにくい体を作れます。

関節炎のサイン

- □ 動作がゆっくりになった
- □ あまり走り回らなくなった
- □ 散歩に行きたがらない
- □ 段差を昇り降りしない
- □ 元気がない
- □ 寝ている時間が増えた
- □ 足を引きずっている
- □ 体をさわられると嫌がる(怒る)

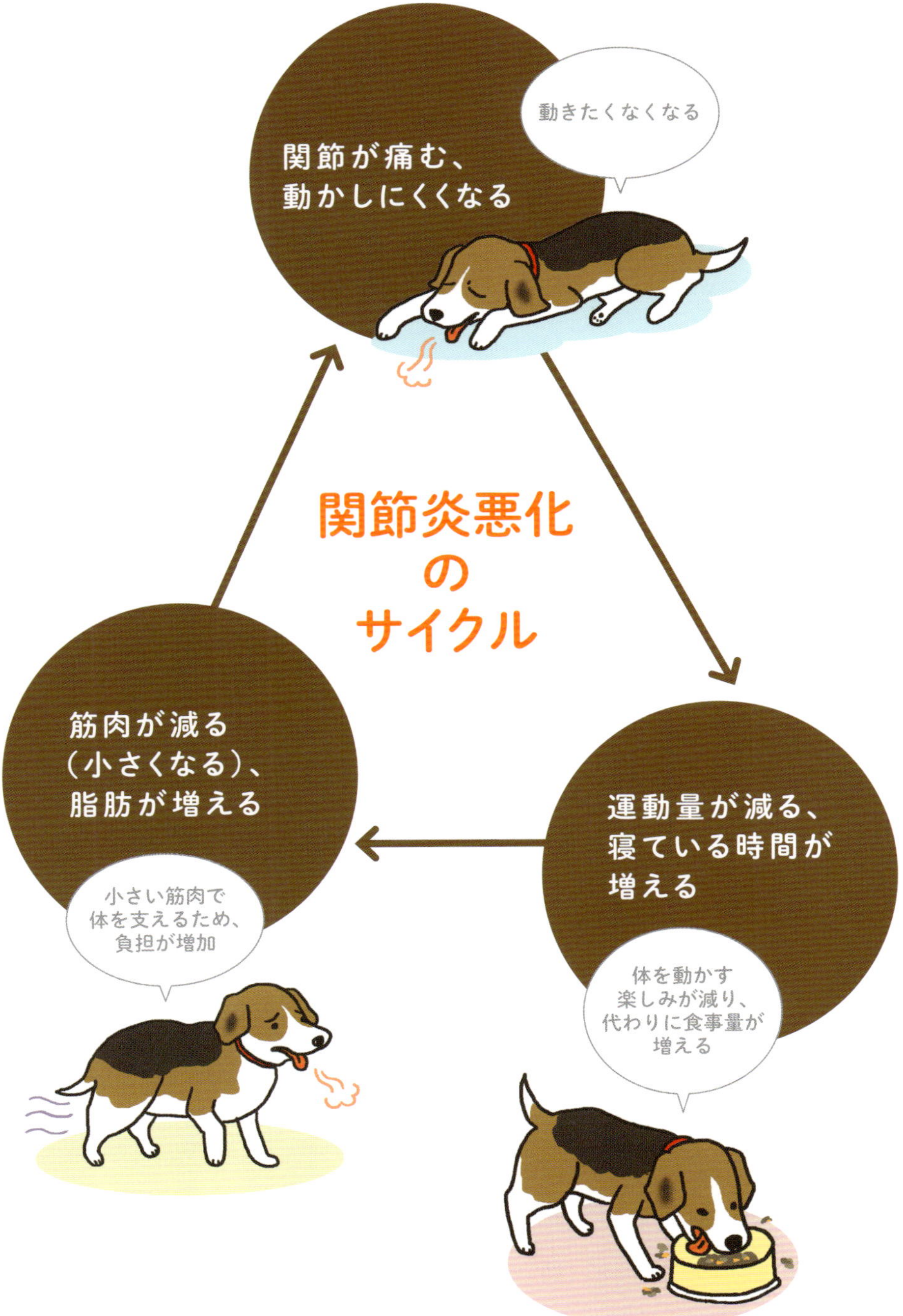
関節炎悪化
の
サイクル
関節が痛む、
動かしにくくなる
動きたくなくなる
運動量が減る、
寝ている時間が
増える
体を動かす
楽しみが減り、
代わりに食事量が
増える
筋肉が減る
（小さくなる）、
脂肪が増える
小さい筋肉で
体を支えるため、
負担が増加

対処と予防

関節炎の予防や症状を
軽くするために、
できることがあります。

適度な運動

　毎日2時間程度の散歩のほか、定期的にドッグランなどで自由に走らせるのが理想だといわれます。シニアになると「体の負担になるといけないから」と言って愛犬の運動量を減らす飼い主さんがいますが、そうすると運動で発散できないストレスが食欲に変わってしまい、体重が増えて「負のサイクル」に陥る危険があります。犬がつらそうにしていたり、体調を崩すようなら別ですが、平気そうなら運動量は急に減らさないほうが良いでしょう。心配な人は、かかりつけの獣医師に相談してください。

　関節炎を発症したときは、獣医師の指導を受けながら運動量を調節します。「安静にしたほうがいい」と思われがちですが、適度な運動で筋肉を鍛えたほうが関節を支えやすくなるのです。

バランスの取れた食事

　食欲旺盛で、年を重ねても食べものへの執着は変わらないビーグル。元気な証とは言え、シニア期は「若いころより運動量や代謝が落ちる→体重が増えやすい

↓関節の負担が増加↓関節炎」という流れになりやすいので注意が必要です。

　また、コンドロイチンやグルコサミン、オメガ-3脂肪酸など関節に良いとされるサプリメントは、栄養バランスの取れた食事のサポートとして使うのがおすすめです。

日常的なトレーニング

　自発的な運動が減りやすいシニア期は、毎日の散歩以外でも意識して体を動かすことが大切です。バランスディスクなどの道具を使うものに限らず、「オスワリ↓立つ」を繰り返すなど簡単な方法も。関節炎の予防だけでなく、治療の一環としても役立つはずです。シニアになってから急に教えるのは難しいので、子犬や若いうちから日常的に行うようにするのがおすすめです。

　トレーニングは筋肉を鍛えるだけでなく、飼い主さんとのコミュニケーションの一環でもあります。ビーグルを含むほとんどの犬は、シニアになっても飼い主さんにかまってほしいはず。脳への刺激にもなりますので、積極的に遊んだり体をさわってあげましょう。マッサージやストレッチを習慣にすれば、血行を良くしたり体の異常に気付きやすくなる効果もあります。

バランスディスク（犬用でも人間用でも可）の上に足を乗せれば、バランスを取る筋肉を鍛えられます。

①～③を繰り返し、後ろ足と腹筋を鍛えます。
回数や頻度は犬の様子を見ながら決めましょう。

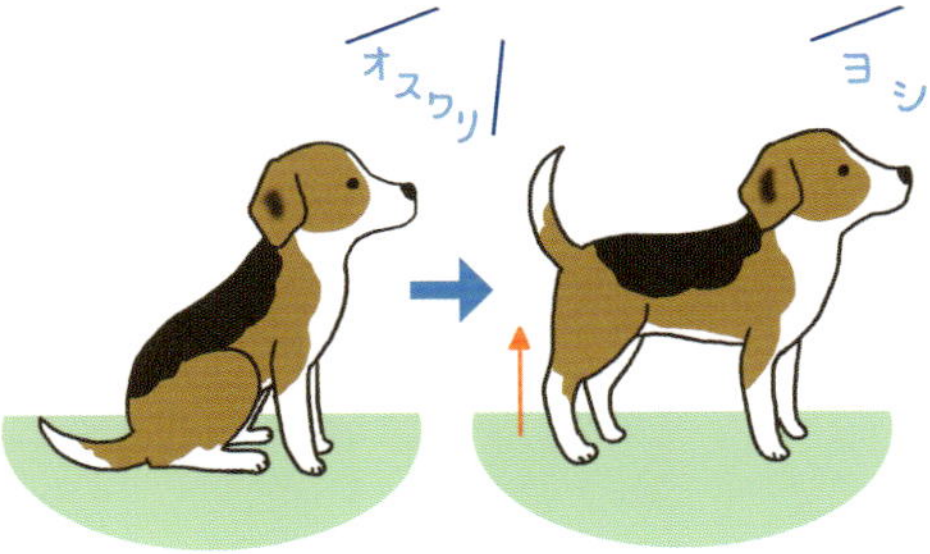

①オスワリ（1～2秒キープ）
②「ヨシ」などと声をかけて立たせる（1～2秒キープ）
③オスワリ

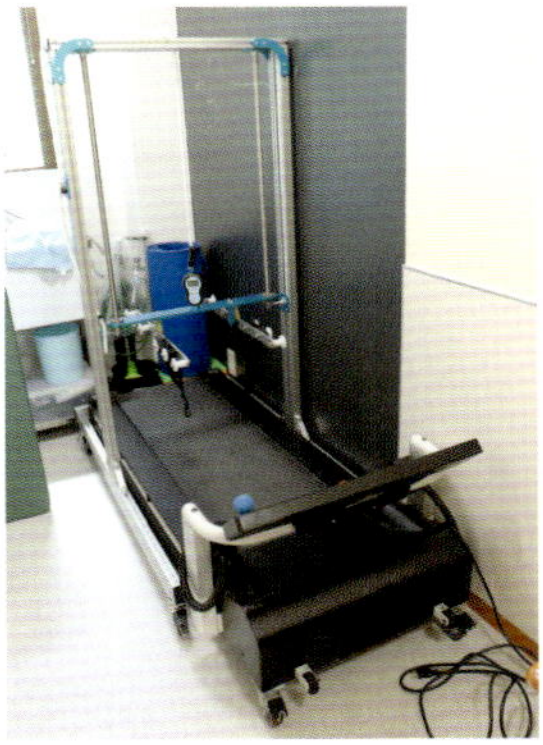

リハビリ施設完備の動物病院には、体を支える機能付きのトレッドミル（ランニングマシン）などもあり、関節炎の犬を運動させることができます。

ビーグルコラム
2

介護の心がまえ

**人間と同じように、犬もこれから
介護の必要性が高まっていくはずです。
早いうちから考えておきましょう。**

歩行困難、トイレの失敗、無駄吠えの増加などが見られたら、介護スタートのサインとなります。愛犬の介護を経験した飼い主さんへのアンケートでも、「トイレの世話と歩行補助がいちばん大変」との結果が出ています。

介護はいったん必要になると毎日続けなければならず、飼い主さんは生活ペースが乱されるので大変です。しかしいちばん困っていたり、ストレスを感じているのは犬自身。家族の一員になった日から、愛犬にはたくさんの愛情や思い出をもらってきたのですから、感謝の気持ちを込めてできる範囲で最高のケアをしてあげたいものです。飼い主さんのイライラ（負の感情）を犬は敏感に察知して傷つくこともあるので、ひとりに負担がかかりすぎないよう、家族みんなで協力・分担して行いましょう。

また、何事も「備えあれば憂いなし」と言うように、介護生活に向けて若いうちからできることを実践してください。まずは、栄養バランスの良い食事で基礎的な体力・生命力を高めて、運動もしっかりして筋力をつけておくこと。いざ介護が必要となったときに世話をしやすいよう、日ごろから信頼関係を作り上げておくことも大事です。抱っこやブラッシング、爪切り、歯みがきなども、若いうちから愛犬がすんなり受け入れられるようにしておくといいですね。

介護はがんばりすぎないことも大事。手助けを頼める人がいたらお願いしましょう。

ビーグルとのしあわせな暮らし

＋αの知識

「ビーグル」という小さなハウンド

ビーグルという犬種は、もとはバリバリの猟犬。もちろん、今でも現役で活躍している犬もたくさんいます。ここでは、ハウンドとしてのビーグルの魅力を掘り下げてみましょう。

奇跡的なハウンド

ビーグルは、ハウンドのなかでは珍しい存在と言える。ほかのハウンドたちは狩猟家だけに愛される場合が多いので、ビーグルのように世界的にメジャーでかつペットとしても人気のある犬種はそういないのだ。

１８９７年にイギリスで出版されたロードン・Ｂ・リー著『イギリスとアイルランドにおける近代の犬種の歴史とその説明―スポーティング系』には、「ビーグルは、ハウンドの中で唯一、ショードッグとしても人気を博している犬種だろう」と書かれている。「なぜなら、ビーグルは小さいし、愛情深い。かわいらしく、おとなしい。その意味で、ペットとしてもぴったりなのだ」とも。

彼は「ハウンドがペットに成り下がった」ことに何となくがっかりしながらも、あくまでもビーグルの狩猟犬としての性能を高く評価している。この時代（１８００年代）、大多数のビーグルはまだ現役の狩猟犬だったはずだから、無理もない。「ペットとして飼うにはあまりにも迷惑な犬になるだろう。なにしろ彼らはそれほど本能に忠実であり、田舎にいれば、ウサギのニオイを探しまくって、その歌のような響きのする声でワンワン鳴くものだから」との皮肉（？）が付け足されているのは、いかにもイギリス人らしい。

小さなハウンド＝ビーグル

ロードンが盛んに強調しているのは、ビーグルのサイズについてである。単なる伝説にすぎないかもしれないが、と前置きして「エ

イギリス原産の小さなハウンドであるビーグルは、フランスの狩猟家のあいだでも人気の高い狩猟犬だ(写真はフランスのカントリーフェア)。

リザベス1世は、手のひらに乗るほど小さなハウンド犬のパック(集団)を所有していた。ややもすると我々の時代のトイ・テリアよりも小さかっただろう」と書いている。

英女王エリザベス1世が、「歌うビーグルズ」という名のビーグルのパックを所有していたのは有名だ(もちろんロックバンドではない。ビーグルがウサギを見つけたときに出す歌うような吠え声から取られた名前らしい)。さらに20世紀初頭の英国王ジョージ5世が、まるで愛玩犬のように小さなハウンドのパックを引き連れていたこと、その小ささゆえに人間が馬に乗らなくても歩いてハンティングできる点を高く評価した。こうした当時の貴族社会に生きる人々とビーグルとのエピソードを、ロードンはいきいきと描写している。

こちらはイスラエルのドッグショー。ビーグルは大人気の犬種というわけではないが、よく登場するハウンドのひとつだ。

イギリスのドッグショー（クラフト展）にて。本場ならではのビーグルを堪能することができる。

ポーランドのドッグショーでの一場面。ビーグルを連れているハンドラー（おそらく飼い主）に注目！こんな軍人風の正装でビーグルを見せるのも、お国柄だろうか。

もともと、ハウンドは体高60㎝前後の大型犬だった。走る鹿に追いつけるほどの耐久性と足の速さが求められたためだ。ただ、エリザベス1世の時代あたりから鹿の数が減ってきて、「代わりにウサギを狩ろう！」ということになり、ビーグルのような小型ハウンドが重宝されるようになった。

ウサギは、ゆっくり追われれば自分の住み慣れた区域を離れない。区域自体も1・5㎢程度の広さで、追いかけられれば円を描きながらテリトリー内にとどまる。この習性を利用すれば、馬に乗らなくても猟を行うことが可能であり、ビーグルのような小型犬が求められる。だから当時は、小型のハウンドを総称して「ビーグル」と呼んでいたらしい。

ハウンドってどんな犬？

ハウンドは、狩猟犬のタイプとしては最も古い。獲物を嗅覚（あるいは視覚）で見つけて追いかける。銃が発明される前に、すでに存在していた犬種と考えていいだろう。対照的に、レトリーバーやスパニエル、ポインターなど「ガンドッグ（鳥猟犬）」と呼ばれるカテゴリーの犬たちは、銃の発明後に必要とされた。獲物を銃で仕留められるよう、狩猟家のために

使役犬種だったビーグルにとって、都市で生活するのは「転職を余儀なくされた」結果なのかもしれない。

そのお膳立てをし、撃たれた獲物を回収することに秀でている。

　それに引き換え、ハウンドの仕事はかなり独立的だ。この気質が家庭犬として飼うのを難しくしているといってもいいだろう。獲物を見つけてから追いかけるまでのパフォーマンスは、その犬の持って生まれた意欲によるところが大きい。もちろん狩猟家がまったく訓練しないわけではなく、その素質を引き出すように多くの狩猟経験を積ませる。若い犬は、狩猟に出しても何をしたらいいか途方に暮れているものだ。しかし獲物を見つけるたびに、本来の能力が徐々に目覚めていく。というわけで、猟という行為は犬と人間のコラボレーションであるにもかかわらず、かなり犬任せの部分がある。

　一方のガンドッグたちは、銃の使用とともに活躍する犬だ。狩猟家の指示に従って鳥の落ちた場所を覚えておき、それを命令によって回収する。時にはどの鳥を最初に回収すべきかについても、指示を受ける。つねに人間の指示によって働くことが要求されているのだ。

　つまり、この犬種が選択繁殖の中で得てきた才能は、人の指示によく従えるような人との強いコンタクト。勝手にニオイを追ってどこかに飛び出してしまうよりも、人間の側をできるだけ離れたくない犬種というわけだ。

　このように、同じ狩猟犬でも、ビーグルというハウンドと、家庭犬の定番であるラブラドール・レトリーバーやゴールデン・レトリーバーといったガンドッグではかなり異なる。ガンドッグは人間と協調するのが仕事であるからこそ、家庭犬としても受け入れられ

イギリス最大のカントリーフェアにて。イギリスに行けば、こうしてパック（集団）でウサギ狩りをするビーグルを見ることができる。

ハウンドとは、本来はこのように馬とともに走れる脚の長い猟犬を指す（写真はフォックスハウンド）。

やすかった。ビーグルが地面に吸いつけられたかのごとく下を向きっぱなしで、その鼻を離して飼い主のほうを向いてくれないのは、やはりハウンドならではなのだろう。

ただ「どうせハウンドだから」とあきらめる必要はない。ビーグルの良さは、（ハウンドにしては）素直で従順だということ。現在ペットとして飼われているビーグルは、当初持っていた強い狩猟欲がかなり抑えられているはずである（狩猟犬としての繁殖を受けていないから）。ガンドッグが楽しんでいる多くのドッグスポーツを、ビーグルは人間とのすばらしいコンタクトをもってできる可能性は大いにある。現に、多くのビーグルがアジリティーやオビディエンス（服従訓練）で好成績を残しているのだから。

ビーグルよりやや大きめのハリア。鹿やイノシシ猟でも活躍するオールマイティーな犬だ。

ビーグルと楽しむ

現在も、ビーグルは実猟犬として大活躍している。その様子は、「歌うビーグルズ」を所有していたエリザベス１世の時代からあまり変わっていないのかもしれない。ただし、現在では狩猟に銃を使うことが多い。「ウサギを追うビーグルの吠え声は森の向こう、凍った湿地帯からこだまします。まるで叫んでいるかのように吠えるのですが、それが聞こえれば、犬がウサギにかなり迫っている証拠です。いよいよ声がこちらへ近付くと、いつウサギが目の前の藪《やぶ》を通り過ぎてもおかしくありません。私はそこで銃をかまえます」と、あるハンターは語ってくれた。

ウサギ狩りは狩猟の中で最もエキサイティングであり、愛犬であるビーグルとフィールドに出るのは無上の楽しみだと言う。「澄み切った冬の空に、ビーグルの鳴く声が響き渡る……。それは私の大好きなサウンドです。まるで歌を聞いているようなんですよね」

獲物を捕まえるだけではない。犬の働き自体を楽しめるのが、ハウンドとの狩猟の醍醐味というものだろう。

ビーグルと狩猟

犬の狩猟スタイルは
いろいろありますが、
ビーグルならではの
おもしろさをご紹介します。

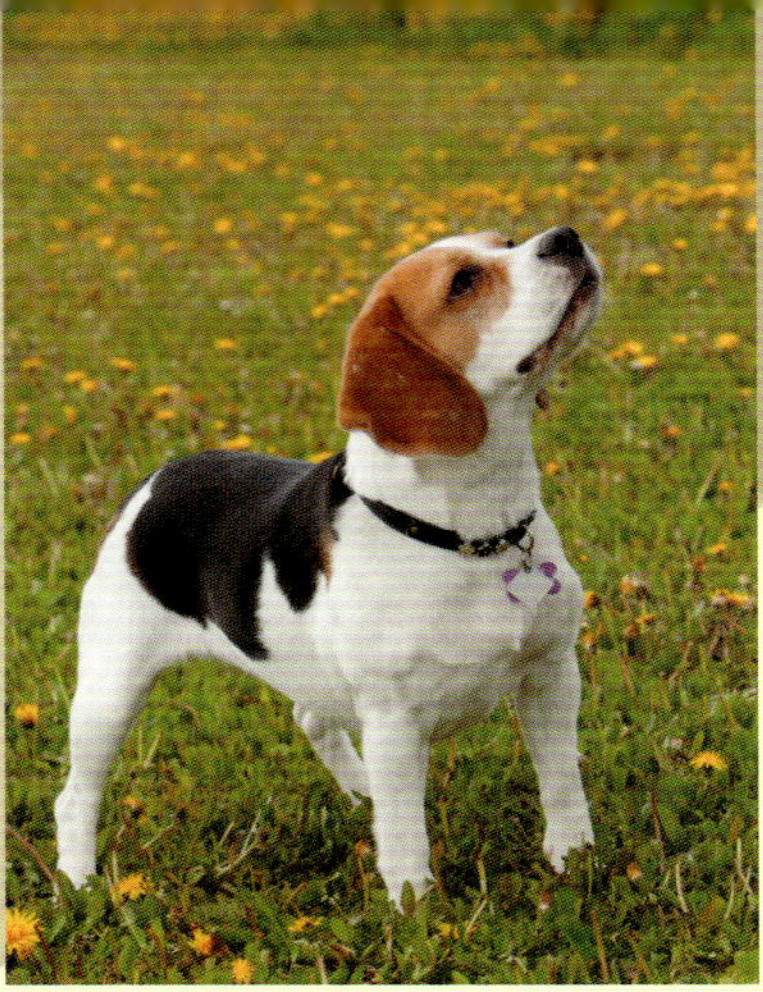

吠え声に導かれて

北欧・スウェーデンでは、イギリスのようにビーグルをパック（集団）では使わない。ひとり1頭のビーグルを連れて猟に行くのが普通だ。イギリスでは一斉にパック（30 ～ 50頭の集団）で放し、犬に獲物を仕留めさせる。従って、ハンターは銃を使う必要がない（犬を使って獲物を仕留める方法は現在のイギリスでは禁止されているそう）。

それにひきかえ単独犬での猟法を行うスウェーデンでは、ウサギは銃で仕留められる。ビーグルは獲物を隠れている茂みから追い出す、そしてハンターを適切な場所へ導く役目を担うのみで、捕まえることはしない。だからこそビーグルの声は、ハンターに重宝されるのである。視界のきかない深い森で、吠え声はハンターへの遠距離シグナル。どこに獲物を見つけたのか、ビーグルの吠え声をたどっていけばいいわけだ。

とは言え、ビーグルはハンターに知らせるために、わざと吠えているわけではない。ハウンドの出す吠え声は「獲物に追いつきそうで追いつけない」というフラストレーションから出されるのではないかと思われる。

これは何もハウンドに限ったことではない。犬たちが追いかけっこしているときに、あともうちょっと、というところで相手を逃し、じれったくなるのだろう。そのうち、走りながら「アウッ、アウッ、アウッ！」とオットセイにも似た悲鳴に近い声を出すのだ。猟犬の歴史のなかで、声を出しやすい犬が選択的に繁殖を受け、ビーグルのような犬が出来上がったのではないだろうか。

吠え声のトーンで近況報告

吠えながら、獲物をただむやみに追うだけでは狩猟犬としての用をなさない。「タイミングよく鳴くこと」も条件だ。レトリーバーやスパニエルは、森に放してウサギや鹿の足跡を見つけても（嗅ぎつけても）、視覚的な刺激を受けるまでは声を出さずに追っていく。ぎりぎりになるまで鳴かないのだから、これではハンターは獲物に追いつくことができない。結局撃つ機会を見失ってしまい、ウサギは上手に逃げおおせてしまうのだ。

その点ビーグルなら、新鮮な獲物の足跡に鼻が出会ったとたん、すぐに鳴き出して吠え続ける。これは、ビーグルの狩猟技量テストでも評価の対象になっている部分である。スウェーデンの試験では、計60分吠えたら最高得点をもらえるそう！　そのおかげでハンターは声に従い、すでに獲物のいる方向へ歩き出すことができる。

そしてそれだけではない。ビーグルは獲物に近付くにつれてその吠え声の種類を状況に応じて変えていく。だからハンターは静かに立って、吠え声のさまざまなニュアンスを聞き取るのである。「今、獲物が近付いているぞ」とか「おや、逃したかな？」などと、犬の動向を声音のイントネーションや吠え声の速さで判断できる。これはハウンドを使った猟法の特徴であり、また人間が犬の声音を利用するおもしろさとも言えるだろう。

【監修・執筆・指導】

PART 1

神里 洋（FCI国際審査員）

PART 2

横田栄司、横田タカ子（Snakewood）
布川康司（ぬのかわ犬猫病院）

PART 3

太田光明（東京農業大学）
川野なおこ（犬のがっこうエコール）
福山貴昭（ヤマザキ動物看護大学）

PART 4

内田恵子（日本獣医動物行動研究会）
門屋美知代（かどやアニマルホスピタル）
佐伯英治（サエキベテリナリィ・サイエンス）
奈良なぎさ（ペットベッツ栄養相談）
油木真砂子（FRANCESCA Care Partner）

PART 5

小林春夫（AGNES DREAM）
石野 孝、相澤まな（かまくらげんき動物病院）

PART 6

佐々木文彦（大阪府立大学）
長坂佳世（D&C Physical Therapy）

+α

藤田りか子（動物ライター）

0歳からシニアまで
ビーグルとの
しあわせな暮らし方

2019年8月1日　第1刷発行ⓒ

編　者	Wan編集部
発行者	森田　猛
発行所	株式会社緑書房
	〒103-0004 東京都中央区東日本橋3丁目4番14号 TEL 03-6833-0560 http://www.pet-honpo.com/
印刷所	図書印刷

落丁・乱丁本は弊社送料負担にてお取り替えいたします。
ISBN 978-4-89531-376-6
Printed in Japan

本書の複写にかかる複製、上映、譲渡、公衆送信（送信可能化を含む）の各権利は株式会社緑書房が管理の委託を受けています。

JCOPY ＜(一社)出版者著作権管理機構　委託出版物＞

本書を無断で複写複製(電子化を含む)することは、著作権法上での例外を除き、禁じられています。本書を複写される場合は、そのつど事前に、(一社)出版者著作権管理機構(電話03-5244-5088、FAX03-5244-5089、e-mail:info@jcopy.or.jp)の許諾を得てください。また本書を代行業者等の第三者に依頼してスキャンやデジタル化することは、たとえ個人や家庭内での利用であっても一切認められておりません。

編集	川田央恵、糸賀蓉子、山田莉星
カバー写真	蜂巣文香
本文写真	岩﨑　昌、蜂巣文香、藤田りか子
カバー・本文デザイン	三橋理恵子（quomodoDESIGN）
イラスト	石崎伸子、カミヤマリコ くどうのぞみ、ヨギトモコ
撮影協力	Snakewood